◉ グラフィック情報工学ライブラリ ◉
GIE-7

基礎
オペレーティングシステム

その概念と仕組み

毛利公一

数理工学社

編者のことば

「情報工学」に関する書物は情報系分野が扱うべき学術領域が広範に及ぶため，入門書，専門書をはじめシリーズ書目に至るまで，すでに数多くの出版物が存在する．それらの殆どは，個々の分野の第一線で活躍する研究者の手によって書かれた専門性の高い良書である．が，一方では専門性・厳密性を優先するあまりに，すべての読者にとって必ずしも理解が容易というわけではない．高校での教育を修了し，情報系の分野に将来の職を希望する多くの読者にとって「まずどのような専門領域があり，どのような興味深い話題があるのか」と言った情報系への素朴な知識欲を満たすためには，従来の形式や理念とは異なる全く新しい視点から執筆された教科書が必要となる．

このような情報工学系の学術書籍の実情を背景として，本ライブラリは以下のような特徴を有する《新しいタイプの教科書》を意図して企画された．すなわち，

1. 図式を用いることによる直観的な概念の理解に重点をおく．したがって，
2. 数学的な内容に関しては，厳密な論証というよりも可能な限り図解（図式による説明）を用いる．さらに，
3. （幾つかの例外を除き）取り上げる話題は，見開き2頁あるいは4頁で完結した一つの節とすることにより、読者の理解を容易にする．

これらすべての特徴を広い意味で“グラフィック (Graphic)”という言葉で表すことにすると，本ライブラリの企画・編集の理念は，情報工学における基本的な事柄の学習を支援する“グラフィックテキスト”の体系を目指している．

以下に示されている“書目一覧”からも分かるように，本ライブラリは，広範な情報工学系の領域の中から，本質的かつ基礎的なコアとなる項目のみを厳選した構成になっている．また，最先端の成果よりも基礎的な内容に重点を置き，実際に動くものを作るための実践的な知識を習得できるように工夫している．したがって，選定した各書目は，日々の進歩と発展が目覚ましい情報系分野においても普遍的に役立つ基本的知識の習得を目的とする教科書として編集されている．

このように，本ライブラリは上述したような広範な意味での“グラフィック”というキーコンセプトをもとに，情報工学系の基礎的なカリキュラムを包括する全く新しいタイプの教科書を提供すべく企画された．対象とする読者層は主に大学学部生，高等専門学校生であるが，IT 系企業における技術者の再教育・研修におけるテキストとしても活用できるように配慮している．また，執筆には大学，専門学校あるいは実業界において深い実務体験や教育経験を有する教授陣が，上記の編集趣旨に沿ってその任にあたっている．

本ライブラリの刊行が，これから情報工学系技術者・研究者を目指す多くの意欲的な若き読者のための“プライマー・ブック (primer book)”として，キャリア形成へ向けての第一歩となることを念願している．

2012 年 12 月

編集委員： 横森 貴・小林 聡・會澤邦夫・鈴木 貢

[グラフィック情報工学ライブラリ] 書目一覧	
1.	理工系のための情報リテラシ
2.	情報工学のための離散数学入門
3.	オートマトンと言語理論
4.	アルゴリズムとデータ構造
5.	論理回路入門
6.	実践によるコンピュータアーキテクチャ
7.	基礎オペレーティングシステム
8.	プログラミング言語と処理系
9.	ネットワークコンピューティングの基礎
10.	コンピュータと表現
11.	データベースと情報検索
12.	ソフトウェア工学の基礎と応用
13.	数値計算とシミュレーション

まえがき

初期のオペレーティングシステムが1950年代に現れてから60年を超える時間が流れた．この間に，オペレーティングシステムは一定の成熟のレベルに達したと言えるであろう．家電など様々な機器の中にコンピュータが組み込まれ，人々はそれをコンピュータであることを意識せず自然に使う機会が増えた．本書でオペレーティングシステムを学ぼうとする読者諸氏の多くも，そのような状況の下で，コンピュータの仕組みやオペレーティングシステムを含むソフトウェアの仕組みを意識することなく利用してきたであろう．技術の発展と社会への浸透という視点から言えば，これは正しい流れであろう．しかし，読者諸氏におかれては,「社会への浸透」すなわち「利用者」として消費する立場であるだけではなく,「技術の発展」すなわち「技術者・研究者」として社会に寄与することを目指しているはずである．

そのような読者諸氏がこの時点で想像するオペレーティングシステムとはどのようなものであろうか．画面のデザインや操作のしやすさ，動作するアプリケーションの種類，設定の自由度などの違いで捉えていることも多いのではないかと想像する．それらも確かにオペレーティングシステムから生じる差異で，目に見える部分であるため一般的にはそのように理解されることも多い．しかし，オペレーティングシステムの本質はそこではない．オペレーティングシステムの本質は，プログラムを容易に開発できるようにすべくソフトウェアの素地を整え，開発されたプログラムをいつでも動かせるようにハードウェアの状態を維持し，そして複数のプログラムが効率よく動作できるよう全体の調整と管理を行うことである．さらに，プログラムの実行に必要なデータや，プログラムの実行の結果として出力されるデータの保存管理もまた重要なオペレーティングシステムの役割である．さらに近年では，コンピュータがインターネットに接続されるようになり，その上で社会的に重要なサービスが実現されるようになってきたことから，従来以上にセキュリティが重要視されるようになってきた．また，それらのサービスを利用者数に応じて柔軟な規模で実現するために仮想化技術が重要視されるようになってきた．

以上のような現状の認識のもとに，本書では，情報技術を修めようとする大学2～3年生の学生を想定し，どのオペレーティングシステムでも共通するコアとなる部分について，その概念と仕組みについて理解できるように構成した．1章では，オペレーティングシステムの歴史や構成について概観する．2章では，実行中のプログラム(プロセス)の管理方法や，複数のプロセスへ適切な順序でCPUを割り付けるスケジューリング機能について説明する．3章では，複数のプロセスが協調して処理を進めるために必要となる同期や通信機能について説明する．4章と5章では，プロセスが処理をするために必要となるメモリの割当て技法について説明する．6章では，データを保存するためのファイルがどのように構成され，かつ管理されているかについて説明する．7章では，コンピュータハードウェアの操作やそれらとのデータ授受の手法について説明する．そして，8章では，1台のコンピュータ上で複数のオペレーティングシステムを動作可能にする仮想化技術について説明する．

本書や授業を通じてオペレーティングシステムに興味を持ち，より深く学ぶことを希望してくれたり，自身の専門分野として選択してくれる読者が一人でも多く出てきてくれることを心から期待している．また，オペレーティングシステムを専門分野としない諸氏についても，将来的にコンピュータやソフトウェアに携わる際にここで学んだことを最大限に活用してもらえることを期待するものである．

本書は，著者の恩師であり，立命館大学名誉教授の大久保英嗣先生が執筆された「オペレーティングシステムの基礎」(サイエンス社，1997)の内容の多くを引き継いで構成している．このような形での執筆をお認め頂いた大久保英嗣先生のご厚意に心より深く感謝する．また，著者をこの興味深く魅力溢れるオペレーティングシステムの世界に導いて頂いたこと，長い年月の間育て，見守り，時には叱咤激励いただいたことに改めて感謝したい．

最後に，出版に当たってお世話になった数理工学社の編集部の方々に感謝する．さらに，著者の家族である恵子・淑乃・彩乃・一貴に感謝する．

2016年6月

毛利公一

目　次

第5章　仮想記憶の管理　101

第6章　ファイルシステム　129

本書で記載している会社名，製品名は各社の登録商標または商標です．
本書では®と ™ は明記しておりません．

第1章 序論

コンピュータシステムは一般に，計算機ハードウェア，オペレーティングシステム，アプリケーションプログラム，ユーザの４つから構成される．このように，オペレーティングシステムは，重要な構成要素の一つである．本章では，まず，オペレーティングシステムの役割や目的について簡単に説明する．次に，オペレーティングシステムの発展を概観する．さらに，オペレーティングシステムの構成要素を明らかにし，オペレーティングシステムの構成法について説明する．最後に，オペレーティングシステムの起動と終了について説明する．

1.1 オペレーティングシステムとは

計算機ハードウェアは，それ単独で使用することは不可能である．計算機ハードウェアをユーザにとって意味のあるものとしているのはソフトウェアである．そのソフトウェアの中で最も重要かつ基本的な役割を果たしているものが**オペレーティングシステム (OS: Operating System)** である．

オペレーティングシステムの役割は，その視点によりいくつかの見方がある．ユーザからの視点では，オペレーティングシステムは，ユーザと計算機ハードウェアの間のインタフェースとして機能し，ユーザに対してプログラムを実行するための環境を提供する．オペレーティングシステムは，計算機ハードウェアをユーザにとって使いやすいものにし，かつ効率的に動作させることを目的としている．

一方で，計算機ハードウェアの視点から見ると，以下のような役割を果たしていると言える．

資源管理者　計算機システムは，ユーザの要求に対してサービスを提供する際に必要となるさまざまな資源からなる．それらの資源には，CPU，メモリ [*1]，ディスクなどの**ハードウェア資源**と，プログラムやデータなどの**ソフトウェア資源**とがある．オペレーティングシステムは，**資源管理者 (resource manager)** として，おのおのの資源の状態を維持し，いつ，だれに，どれだけの間，それらの資源を与えるかを決定する．複数のプログラムが並行に動作する環境では，オペレーティングシステムが資源を効率良く，かつ公平に割り当てる．資源に対する要求の競合が発生した場合には，それについても解決する．このように，オペレーティングシステムは，資源の有効利用を図り，ユーザ間の共有を実現する役割を果たしている．

制御プログラム　オペレーティングシステムは，計算機ハードウェアを操作するプログラム群から構成される．したがって，**制御プログラム (control program)** として見ることができる．制御プログラムとしてのオペレーティングシステムは，ユーザが計算機システムを効率良く利用するために，CPU，主記憶，ディスクなどへのアクセスを制御する．これは，オペレーティングシステ

[*1] ここでは**主記憶 (Main Memory)** のことを指す．

ムを構成するプログラムのうち，計算機ハードウェアに近い部分に対する見方である．

以上のように，オペレーティングシステムは，ユーザと計算機ハードウェアの間にあって，ユーザに代わって計算機システムの資源を効率良く管理し，ユーザに対して使いやすい環境を提供する．

オペレーティングシステムによって提供されるサービスの範囲は，オペレーティングシステムが使用される環境に大きく依存する．また，オペレーティングシステムの目標も異なってくる．たとえば，プログラム開発に使用されるオペレーティングシステムと，ロボットや自動車などの制御装置に使用されるオペレーティングシステムとでは，サービスの範囲は明らかに異なる．前者では人が操作することを前提とした会話型の処理に向いたサービスが必要となり，後者ではセンサなど外部からの事象に高速に応答するためのサービスが必要となる．また，スーパーコンピュータや汎用大型計算機のオペレーティングシステムは，計算機が高価であることから，生産性，すなわち一定の時間にどれだけ多くの仕事を処理できるかが重要であり，ユーザの使い勝手は次の問題となる．一方，パーソナルコンピュータのオペレーティングシステムは，単一ユーザのための仕事を効率良く行えばよく，生産性よりも使い勝手が重視される．このように，さまざまな使用環境や計算機ハードウェアによってオペレーティングシステムのサービスや目標は異なってくる．

1.2 オペレーティングシステムの意義と歴史

オペレーティングシステムは，計算機ハードウェアの世代に対応して進化してきた．ここでは，オペレーティングシステムの世代を概観し，おのおのの世代において出現してきた基本的な概念を明らかにする．

第 0 世代　1940 年代頃の初期の計算機システムには，オペレーティングシステムが存在しなかった．したがって，この時代はオペレーティングシステムの**第 0 世代**と呼ぶことができよう．この当時，ユーザは機械語によってプログラムを作成し，それを計算機本体のパネルスイッチからメモリにロードしていた．その後，カードリーダ，ラインプリンタ，磁気テープ装置などの入出力装置が普及した．これに伴って，プログラムからこれらの装置を使用するための，デバイスドライバと呼ばれる共通のライブラリプログラムが開発された．この他，アセンブラ，リンカ [*2]，ローダ [*3] などもこの頃に開発された．さらに，プログラミングを容易にするために，アセンブリ言語に代わって Fortran や Cobol などの高級言語も開発された．

第 1 世代　1950 年代に，複数のジョブ [*4] を連続して処理する**第 1 世代**のオペレーティングシステムが出てきた．この時代のオペレーティングシステムでは，前のジョブと次のジョブの間の時間を短縮すること，すなわち，ジョブがシステムに投入されるまでの時間と，システムから結果を取り出す時間を短縮することに重点が置かれていた．このために，複数のジョブをまとめて連続して処理する**バッチ処理 (batch processing)** の概念が考え出された．このようなシステムは**バッチシステム**と呼ばれる．

第 2 世代　1960 年代に入って，多様な処理形態を提供する**第 2 世代**のオペレーティングシステムが現れた．この時代のシステムでは，特に，**マルチプログラミング (multiprogramming)** が行われるようになった．マルチプログラミングシステムでは，複数のプログラムが同時にメモリ上に置かれる．非マルチプログラミングシステムでは，プログラムは入出力処理が発生するとそれが終了する

---

*2 個別に生成された複数の機械語プログラムを 1 つの実行プログラムに連結するプログラム．

*3 実行プログラムを主記憶に配置するプログラム．

*4 当時は，計算機システムが処理を行う単位をジョブと呼んでいた．

まで待たなければならないため，CPU がアイドル状態となる．マルチプログラミングシステムでは，このようなときに別のプログラムに切り替えて実行を進めることができる．このような処理形態を**並行処理** (**concurrent processing**) と呼ぶ．

一台の計算機システムに複数の CPU が搭載されたマルチプロセッシングシステムもこのころに登場した．マルチプロセッシングシステムでは，複数の処理を別の CPU に割り付けて同時に実行させることによって，処理速度を向上させることができる．このような処理形態を**並列処理** (**parallel processing**) と呼ぶ．

バッチシステム，マルチプログラミングシステム，マルチプロセッシングシステムは計算機資源の効率的な利用を目的としていたが，ユーザが端末を介して計算機システムと対話しながら仕事を行うことを目的とした**タイムシェアリングシステム** (**TSS**: **Time Sharing System**) もこの頃に開発された．タイムシェアリングシステムは，マルチプログラミングシステムの拡張であり，**タイムスライス** (**time slice**) と呼ばれる一定の時間量をおのおののユーザに順に与えることによって，複数のユーザの仕事を時分割で処理する．ユーザへの応答速度が重要であるため，タイムスライスは典型的には 1 秒よりも短い時間量となる．したがって，ユーザは，あたかも自分専用の計算機システムで仕事をしているかのように見える．このような会話型の処理は，プログラム開発における労力を大幅に軽減することとなった．この時代の代表的なタイムシェアリングシステムは，MIT のプロジェクト MAC と呼ばれる研究グループによって開発された **CTSS**(**the Compatible Time-Sharing System**) である．プロジェクト MAC における CTSS の経験は，さらに，**MULTICS**(**Multiplexed Information and Computing Service**) と呼ばれる MIT の次の世代のタイムシェアリングシステムに引き継がれた．

この時代には，さらに，計算機システムに実装されているメモリよりも大きな記憶空間を提供するための方式である**仮想記憶** (**virtual memory**) の概念を取り入れたオペレーティングシステムも開発された．仮想記憶方式は，1961 年に Manchester 大学で開発された Atlas オペレーティングシステムで初めて採用された．また，産業用プロセス制御のための**リアルタイムシステム**も開発された．リアルタイムシステムは，非同期に発生する事象に対して素早く応答するシステムで，このような処理形態は**リアルタイム処理**と呼ばれる．

第3世代 **第3世代**のオペレーティングシステムは，1964年のIBMのSystem/360用のオペレーティングシステムであるOS/360の発表から始まる．第3世代の計算機システムは，汎用システムを指向しており，複数の処理形態を同時に提供するシステムであった．すなわち，バッチ処理，並行処理，並列処理，時分割処理，リアルタイム処理の各形態を提供していた．第3世代のオペレーティングシステムは，巨大であり開発には長い年月と費用を要した．

第4世代 **第4世代**のオペレーティングシステムは，現在のオペレーティングシステムである．ただし，ソフトウェアのアーキテクチャとしては第3世代と大きな違いはない．しかし，インターネットなどの計算機ネットワーク，分散処理，データベースなどに関連するアプリケーションソフトウェアが実現されるようになり，そのための機能追加がなされている．また，メモリの大容量化，マイクロプロセッサの高性能化･高機能化は近年も依然進んでおり，それに伴って高機能・大規模・複雑なアプリケーションが構築されている．こういったアプリケーションを動作させるために，オペレーティングシステムの重要性はさらに高まっている．さらに，1つの計算機システム上で複数の計算機システムが動作しているように見える仮想化機能，計算機システムへのソフトウェア的な攻撃を防御するためのセキュリティ機能，オペレーティングシステムや主要なユーザプログラムが改ざんされていないことを保証する信頼性向上機能が組み込まれるなど，オペレーティングシステムに新たな革新が起きている．

1.3 オペレーティングシステムの構成要素

オペレーティングシステムは，資源の割付けと保護，プログラムの実行，入出力操作，ファイル操作などのさまざまなサービスをユーザに提供する．これらのサービスを実現するためのオペレーティングシステムの基本的な部分は**カーネル (kernel)** と呼ばれる．

どのような機能がオペレーティングシステムに含まれるかは，明確に定まっているわけではない．また，カーネルとそれ以外の機能の境界も明確ではない．それは，オペレーティングシステムの設計者の考え方や，オペレーティングシステムが使用される環境などに依存するからである．したがって，ここでは一般的なオペレーティングシステムの構成について説明する (図 1.1 参照).

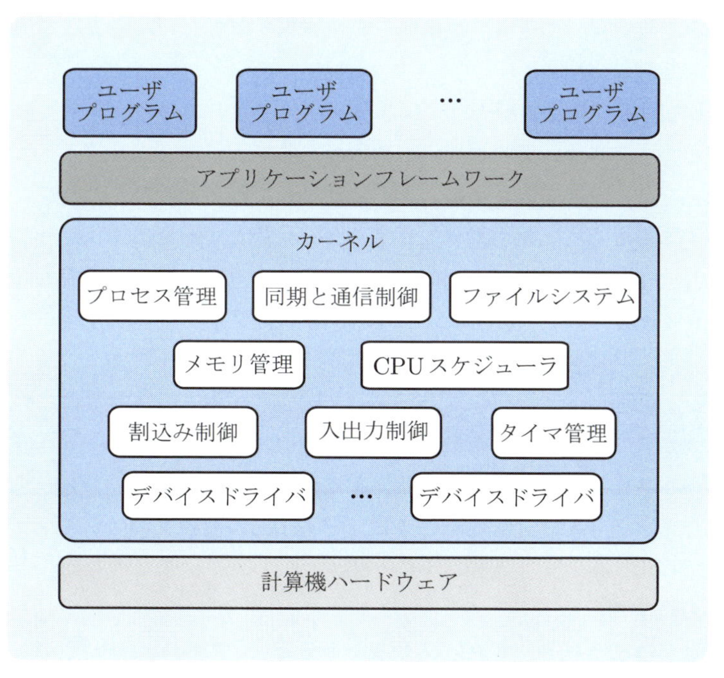

図 1.1　オペレーティングシステムの構成

計算機システムは，一般に，計算機ハードウェア，カーネル，各種のユーザプログラムといった階層構造を形成している．それぞれのプログラムは，自身より下位層のプログラムのサービスを使用しながら自身の機能を実現し，上位層のプログラムにサービスとして提供する．したがって，ユーザプログラムはこの階層の一番上の階層として位置付けられる．このようにシステムをいくつかの階層から構成する方法を**階層化 (layering)** という．

カーネル内部も資源の種類に対応して階層構造として構成される．カーネルの下位の層はハードウェア資源の管理モジュールであり，上位の層はソフトウェア資源の管理モジュールである．ハードウェア資源の中でも CPU と主記憶は最も基本的な資源であり，他の資源管理モジュールが機能するためにもこれらの資源が必要となることが多い．本書の 2 章以降でその詳細を見て行くが，ここではカーネルの主要な構成要素の概要について説明する．

1. 割込み制御　**割込み制御**は，システムの内部あるいは外部で発生する種々の割込みを受け付け，その発生箇所や発生原因を解析し，対応する割込み処理ルーチンを呼び出す．

2. 入出力制御　**入出力制御**は，システムに接続されている入出力装置を効率良く使用できるよう，実際の入出力動作をスケジュールしたり，データの一時的な保存をしたりする．さらに，ユーザに対しては，個々の入出力装置の詳細を意識することなく入出力操作を行うことを可能とするために，入出力装置を仮想化し，標準的な手順で入出力操作を行えるようにしている．

3. タイマ管理　**タイマ管理**は，ハードウェアのタイマ機構を使用して，現在時刻の管理，時間経過の監視やタイムアウトの通知などを行う．

4. メモリ管理　プログラムおよびデータは，実行あるいは参照のためにメモリ上に置かれなければならない．それを，いつの時点で，どこに置くのかを決定するのが**メモリ管理**の役目である．また，プログラムやデータを置くためのメモリに空き領域が存在しないときに，メモリ上の別のプログラムやデータを二次記憶に追い出して空き領域を作り出すといった，メモリの有効活用もメモリ管理の役割である．

5. CPU スケジューラ　**CPU スケジューラ**は，CPU の状態を把握し，CPU をいつ，どのプロセスに割り付けるべきかを決定する．選択されたプロセスは，CPU が割り付けられて処理を進めることができる．CPU スケジューラの選択に従って，CPU 割付けを実際に行うプログラムを**ディスパッチャ**という．CPU スケジューラは，さらに，プロセスが CPU の使用を終了したり，中断したり，割付け時間を超過したときに CPU を当該プロセスから取り戻す仕事も行う．

6. プロセス管理　**プロセス**は，プログラムが動作している状態を示す概念であり，CPU のスケジューリングの対象となる実体である．**プロセス管理**は，プログラムが起動されるとプロセスを生成し，さらにその活動が終了した場合にプロセスを消滅させるなどの機能を実現することによって，計算機システムの円滑な操作を実現する．

7. 同期と通信制御　マルチプログラミングシステムやタイムシェアリングシステムでは，複数のプロセスが，データやプログラムなどの資源を共有する場合ことがあり，それらの間で矛盾のない処理を実現するために同期をとらなければならない．また，複数のプロセスが協調して処理を行う場合，それらの間で連絡を取り合わなければならない．**同期と通信制御**は，このような複数のプログラムが同時に進行する場合の，プロセス間の同期と通信を制御する．

8. ファイルシステム　**ファイル**は，データ (それがプログラムである場合も含む) が格納される論理的な単位であり，各ファイルを区別するために名前が付けられる．**ファイルシステム**は，この論理的な単位をハードディスクなどの二次記憶に写像する．このために，各種のファイル構造およびアクセス法を提供したり，二次記憶の領域割付けの管理を行う．また，ユーザがファイルを簡単に使用可能とするためのインタフェースを提供したり，ファイルに関する各種の情報を格納しているディレクトリも管理している．さらに，複数のユーザがファイルにアクセスする際に，アクセス範囲を限定するファイル保護の機能も実現している．

9. デバイスドライバ　**デバイスドライバ**は，ディスクや磁気テープなどの装置を直接制御するためのプログラムである．装置の種類や型式によって制御方式が異なるため，制御方式ごとにデバイスドライバを用意する必要がある．一方で，デバイスドライバが上位層へ提供するインタフェース (仕様) は統一されており，制御方式の違いをオペレーティングシステムの他の部分から隠蔽する役割も担っている．

1.4 オペレーティングシステムの構成法

本章の最初で説明したように，オペレーティングシステムの目標は，計算機システムを効率良く操作し，ユーザに対して使いやすい環境を提供することである．種々のハードウェア資源を制御するとともに，それぞれのユーザに適したサービスを提供しなければならない．このため，オペレーティングシステムには，ハードウェアの多様性に柔軟に対処し，機能の変更や拡張が容易に行えることが望まれる．このような背景から，オペレーティングシステムをどのように構成するかの方法論が長年に渡って考えられてきた．主な構成法には，**モノリシックカーネル (monolithic kernel)**，すなわち一枚岩のカーネルとしてオペレーティングシステムの機能をすべてカーネルに閉じ込める方法と，**マイクロカーネル (micro kernel)** とシステムサーバからオペレーティングシステムを構成する方法がある．本節では，これらのオペレーティングシステムの構成法について説明する．

1.4.1 モジュール分割の基準

オペレーティングシステムは，多数のモジュールから構成される．オペレーティングシステムをモジュールに分割する際の基準として以下のものがある．

1. 情報隠蔽　モジュールを構成する場合，モジュールのインタフェースのみを外部に公開し，モジュール本体の実現の詳細を他のモジュールからは見えなくすることを**情報隠蔽 (information hiding)** という．これにより，あるモジュールの変更が他のモジュールに影響を及ぼす機会を少なくすることができる．また，システム全体の構造を見通しよくすることも可能となる．これは，**抽象データ型 (abstract data type)** と呼ばれる考え方にも反映されている．抽象データ型は，データとそれを操作する複数の手続きをモジュールとして一体化し，他のモジュールからはそれらの手続きを呼び出すことによってのみデータにアクセス可能とする方法である．さらに，それらの手続きを同時には1つのプロセスしか呼び出せないように条件を付けたものが**モニタ (monitor)** である．モニタは，相互排除問題を解決するための手法として考え出されたものである．これに関しては，3章で説明する．

2. 方針と機構の分離　方針を実現する部分と，その方針に基づいて実際の処理を行う部分を別のモジュールとすることを，**方針と機構の分離 (policy/mechanism separation)** と呼ぶ．これにより，おのおのの部分の変更や拡張を独立に行うことが可能となる．たとえば，CPU スケジューラとディスパッチャは，プロセスへの CPU の割付けに関して，それぞれ方針と機構を与える．CPU スケジューラは，方針に対応するスケジューリングアルゴリズムを実現し，次に CPU を割り付けるべきプロセスを選択する．ディスパッチャは，選択されたプロセスに実際に CPU を割り付ける際のレジスタの退避・回復などの処理を行う．したがって，スケジューリングアルゴリズムを変更したければ，CPU スケジューラを変更するだけでよい．また，他の計算機システムにおいて同じ方針でスケジュールしたければ，機構に対応するディスパッチャを変更するだけでよい．

3. 階層化　前節で述べたように，オペレーティングシステムの機能をハードウェアを操作する層からユーザにサービスを提供する層までのいくつかの機能階層に分けることを**階層化 (layering)** という．おのおのの層は，下位の層を使用して，自分の上の層にサービスを提供する．上位の層は，下位の層の実現の詳細を知る必要はなく，下位の層が提供するインタフェースさえ知っていればよい．階層化は，実際のオペレーティングシステムで古くから採用されている手法であるが，階層を厳密に分けるのは容易なことではない．特に，オペレーティングシステムはおのおのの機能が複雑に絡み合っており，機能のみを基本として階層化すると，上位と下位の層の間に相互依存関係が生じてしまう．

1.4.2　モノリシックカーネル

オペレーティングシステムの機能のすべてを取り込んだカーネルを**モノリシックカーネル (monolithic kernel)** あるいは**単層カーネル**という．図 1.2 に示すように，ユーザプロセスは，システムが提供するサービスを受けたい場合，**システムコール (system call)** によってその要求をカーネルに伝える．これにより，ユーザプロセスの誤りによる危害がカーネルに及ばないようにすることが可能となる．これは，カーネルがシステムコールを契機として，システムが走行するモードとユーザプロセスが走行するモードを区別することが可能となるからである．前者は**カーネルモード (kernel mode)** あるいは**システムモード (system mode)** と呼ばれ，後者は**ユーザモード (user mode)** と呼ばれる．

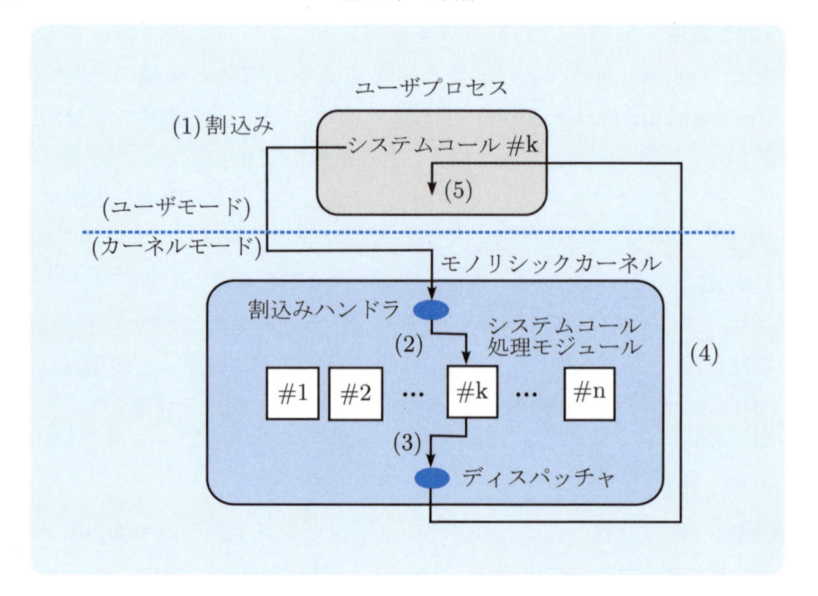

図 1.2　モノリシックカーネルの構成法

ユーザプロセスからシステムコールが発行されると，割込みが発生し，カーネルモードとなる．カーネルは，システムコールが発生したか否かを判断するために割込みの種類を調べる．システムコールのパラメータは，ユーザプログラムがどのようなサービスを要求しているかを示す．カーネルは，その要求に対応したモジュールで処理を行い，ユーザプロセスのシステムコールの次の命令に戻り再びユーザモードとなる．

モノリシックカーネルの内部は，上で述べたモジュール化の方針に基づいて構造化されている．しかし，カーネルを構成するすべてのモジュールがリンクされて1つのプログラムとして構成されるため，カーネル自体が巨大なものとなってしまう．したがって，常時必要としないカーネルの機能であっても常に主記憶を占有することになり，記憶資源の有効利用が図れないといった問題がある．これは，初期のオペレーティングシステムではあまり大きな問題とはならなかったが，ユーザに対して豊富な機能を提供する現在のオペレーティングシステムにとっては重要な問題である．また，モノリシックカーネルは1つのプログラムとしてリンクされているため，カーネルの機能を変更したり拡張するたびに，すべてのモジュールをリンクしなおし，システムを再構築しなければならないといった問題もある．

1.4.3　マイクロカーネル

マイクロカーネル (micro kernel) では，割込み処理，CPU スケジューリング，プロセス間通信などのプロセスを操作するために最低限必要な機能のみが実現される．マイクロカーネルのこれらの機能を使用してオペレーティングシステとしてのサービスを提供するのが**システムサーバ (system server)** と呼ばれるプロセス群である．システムサーバとしては，主記憶を管理するためのメモリマネージャ，ファイルを管理するファイルサーバ，名前を管理するネームサーバ，各種入出力装置のためのデバイスドライバなどがある (図 1.3 参照)．

ユーザプロセスは，システムコールを使用してオペレーティングシステムにサービスを要求する．マイクロカーネルとこれらのサーバは協調して，ユーザのサービス要求に応える．この際，マイクロカーネルとサーバ間あるいはサーバ同士は，プロセス間通信を使用して連絡し合う．

マイクロカーネル方式のオペレーティングシステムでは，マイクロカーネルと，オペレーティングシステムの機能に対応したサーバ群といったようにモジュール化が明確に行われる．したがって，見通しのよいシステム設計が可能となり，システム自体の理解も容易となる．さらに，機能の変更や拡張も容易になるといった利点を持つ．一方，ユーザプロセス，サーバ，マイクロカーネル間でプロセス間通信が多発するため，それに伴うオーバヘッドが問題となる．マイクロカーネル方式では，このオーバヘッドをいかに小さくするかがプロセス間通信の設計に関わって重要な問題となっている．

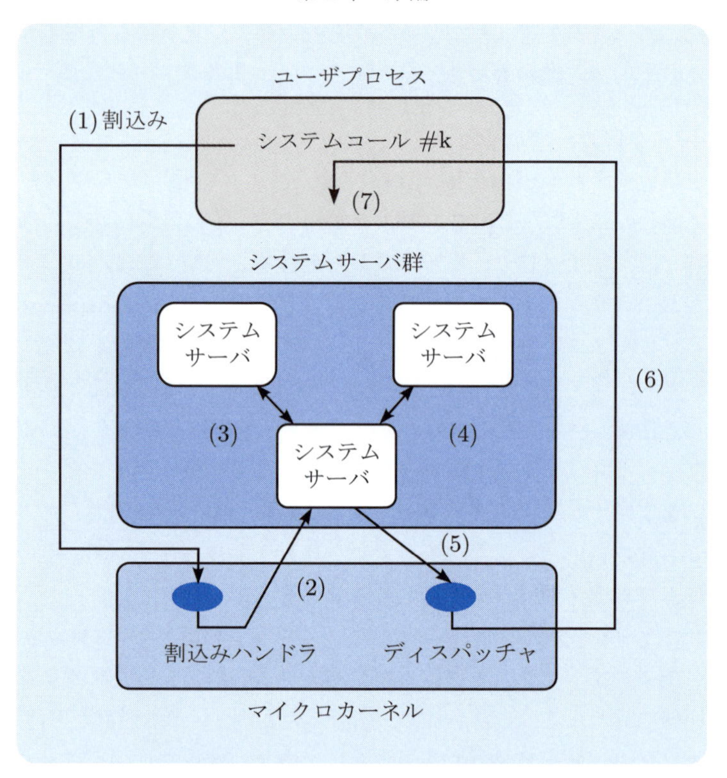

図 1.3 マイクロカーネルの構成法

1.5 オペレーティングシステムの運用と管理

本節では，オペレーティングシステムの生成，起動，停止などのオペレーティングシステムの運用と管理に関係する事項について説明する．

1.5.1 システムの生成

計算機システムを初めて使用する場合は，その計算機システムには当然オペレーティングシステムは存在しない．したがって，オペレーティングシステムを**インストール (install)** しなければならない．オペレーティングシステムのインストールには専用のツールが使用される．

オペレーティングシステムをインストールするためには，まず，オペレーティングシステムなどが格納されている記録媒体から，インストール用のツールをシステムディスクにコピーしなければならない．このために，オペレーティングシステムを必要とせずに単独で実行可能なコピープログラムが使用される．こうして，インストール用のツールが起動され，オペレーティングシステムのインストール環境が構築される．

インストールでは，まず，システムに接続される入出力装置などのハードウェアに関するパラメータを設定する．次に，システムディスクやカーネルなどのオペレーティングシステム本体に関するパラメータを設定する．この他，各種サービスプログラムやコンパイラなどに関するパラメータが設定され，それらのプログラムがシステムディスクに組み込まれてインストールが完了する．

1.5.2 システムの起動と終了

計算機システムを起動するために，ディスクなどの 2 次記憶に格納されているオペレーティングシステムを主記憶上にロードしなければならない．オペレーティングシステムを主記憶上にロードするための機能を実現するのが，**ブートストラップ (bootstrap)** と**ローダ (loader)** と呼ばれる 2 つのプログラムである．

計算機ハードウェアの本体の電源が投入されると，ブート ROM にあるブートストラッププログラムに制御が渡る．ブートストラッププログラムは，オペレーティングシステム本体を主記憶上にロードするためのローダプログラムを読み出す．ローダが主記憶上に読み出されると，今度はローダが起動され，オペレーティングシステム本体を主記憶上にロードする．その後，オペレーティングシステムの初期化ルーチンに制御が移行し，各種のシステムテーブルおよび入出力装置などの初期化を行い，ディスパッチャに制御が移行して，仕事を待つことになる (図 1.4 参照).

計算機システムを停止させるためには，電源を切断するだけでは十分ではない．実行中のプロセスが存在するからである．計算機システムを停止させるためには**シャットダウン (shutdown)** プログラムを実行しなければならない．シャットダウンプログラムは，まず，新しいプロセスの生成や端末からのログインを停止する．その後，実行中のプロセスがすべて終了したことを確認して，システム自体が使用していた統計情報やシステムプログラムなどのファイルをクローズし停止する．

この停止の過程で実行途中のプロセスの状態をディスクなどに退避し，次にシステムが起動されたときにその状態を回復して続行する方法が考えられる．こ

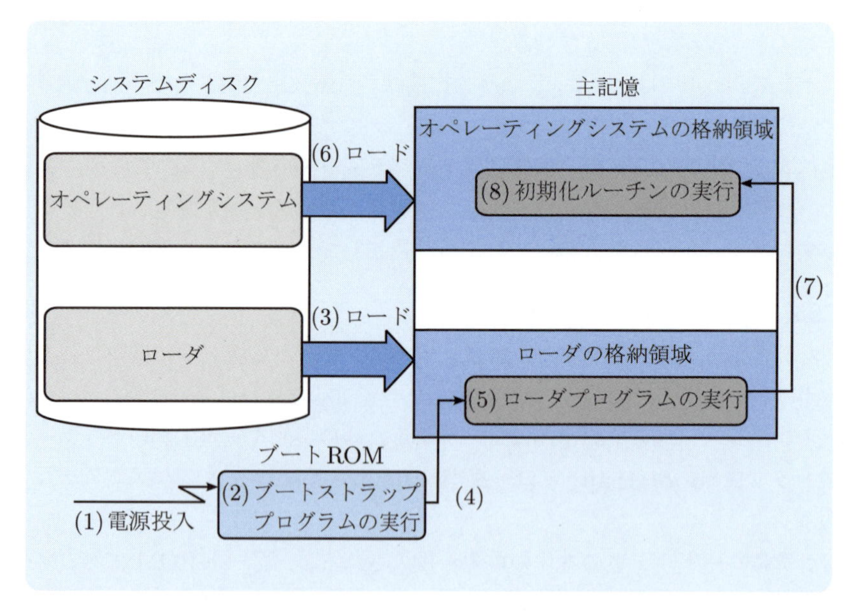

図 1.4 オペレーティングシステムの起動

れは，**ウォームスタート** (**warm start**) と呼ばれている．これに対し，システムが起動されるたびに初期化する通常の方法を**コールドスタート** (**cold start**) という．

1.5.3 統計情報の収集

システムの稼働状況を採取し解析することによって，システムをより円滑に運用することが可能となる．システムの稼働情報には，以下のものがある．

- システム統計情報
- システムログ
- システム動作情報

システム統計情報は，システムの稼働状況の把握や課金計算のために使用されるもので，各プロセス (プログラム) に関して収集される各種の統計情報である．これらの情報には，プロセスの開始および終了時刻，CPU 使用時間および経過時間，主記憶の使用量，入出力量および入出力回数などがある．

システムログは，システムの運転経過を記録するもので，普通はコンソールメッセージとして出力される．

システム動作情報は，システム全体の待ち時間や利用率などの CPU に関する情報，ページングの回数やページ数などの主記憶に関する情報，入出力装置の利用率や入出力の回数などの入出力に関する情報などからなる．

演習問題

□ **1.1 （オペレーティングシステムとは）** 計算機ハードウェアから見たオペレーティングシステムの役割を2つ挙げ，おのおのに関して説明せよ．

□ **1.2 （処理の形態）** 次の用語について説明せよ．

(1)　バッチ処理
(2)　マルチプログラミング
(3)　マルチプロセッシング
(4)　タイムシェアリング

□ **1.3 （歴史上のシステム）** 以下のシステムにおいて，どのような処理形態や概念が考え出されたか説明せよ．

(1)　Atlas
(2)　CTSS，MULTICS
(3)　System/360

□ **1.4 （計算機システムの階層構造）** ハードウェア，オペレーティングシステム，ユーザプログラムの関係について，計算機システムにおける階層構造に基づいて説明せよ．

□ **1.5 （オペレーティングシステムの構成要素）** オペレーティングシステムの構成要素を挙げ，おのおのの機能の概要についてまとめよ．

□ **1.6 （システムコール）** システムコールとはどのようなもので，何をするためのものか説明せよ．

第2章

プロセスの管理とスケジューリング

プロセスは，計算機システム内部の活動に対応するものであり，CPU のスケジューリングの対象となる実体である．本章では，プロセスの生成や消滅などの操作を実現するプロセス管理と，プロセスに対して実際に CPU を割り付ける CPU スケジューラについて説明する．プロセス管理は，計算機システムの活動に対応してプロセスを生成し，さらにその活動が終了した場合にプロセスを消滅させる機能を実現することによって，計算機システムの円滑な操作を実現する．CPU スケジューラは，複数のプログラム，すなわちプロセス間でスケジューリングの方針に基づいて CPU を切り替えることによって，計算機システムを効率的に動作させる．

2.1 プロセスとは

プロセス (**process**) とは，特定の仕事を遂行するために一連の操作系列を実行する活動のことである．プロセスは，**タスク** (**task**) とも呼ばれ，CPU のスケジューリングの対象となる基本単位である．プロセスの定義については，一般的に認められたものはなく，以下に示すようにさまざまなものが存在する．

- 実行中のプログラム
- プログラムの活性化された実体
- 実行中のプログラムの制御の位置
- プロセス制御ブロックの存在によって明示されるもの
- CPU が割り付けられる実体

この他，多くの定義が与えられているが，図 2.1 のように実行中のプログラムという概念が最もよく使用されている．このように，プロセスは動的な概念であって，単に静的に存在するプログラムとは区別されている．

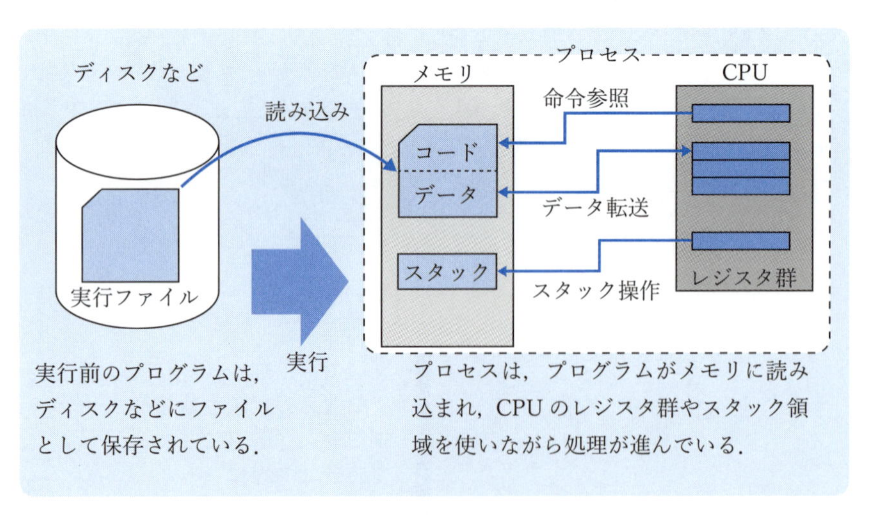

図 2.1　プロセス

2.2 プロセスの状態と遷移

プロセスは，生成されてから消滅するまでに図 2.2 に示す 3 つの状態の間を遷移する．**実行状態** (**running state**) は，プロセスに CPU が割り付けられ，命令がまさに実行されている状態を表す．**実行可能状態** (**ready state**) は，他のプロセスによって CPU が使用されているため，当該プロセスの命令は実行されていないが，CPU が割り付けられれば直ちに CPU を使用することが可能な状態を表す．**待ち状態** (**waiting state**) は，入出力の完了や他のプロセスからのメッセージの到着など，何らかの事象の発生を待っている状態を表す．待ち状態は，事象の発生まで CPU は割り付けられない．以下では，これらの状態間の遷移について説明する．

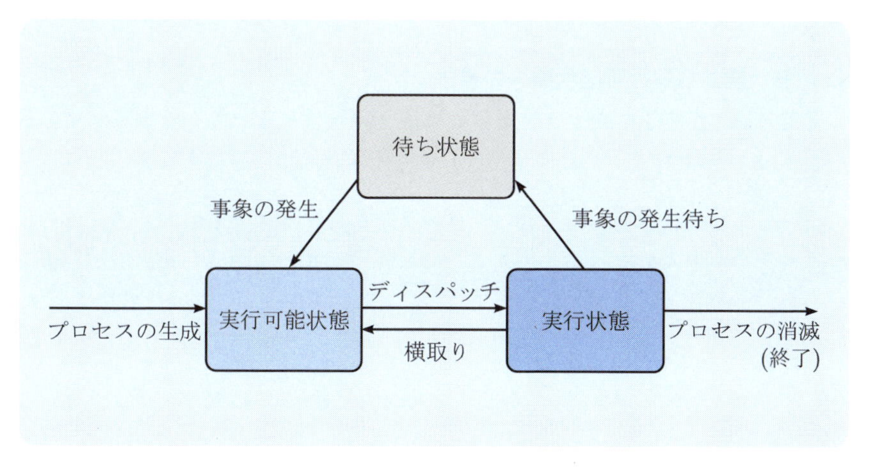

図 2.2　プロセスの状態遷移

1. 実行可能状態から実行状態への遷移

プロセスは，生成されると直ちに実行されるのではなく，いったん実行可能状態となる．実行可能状態のプロセスは複数存在しうる．したがって，実行状態のプロセスが消滅したり，待ち状態となって CPU が空いたとき，実行可能状態のプロセスの 1 つに CPU が割り付けられ実行状態となる．CPU を割り付けることを**ディスパッチ**と呼ぶ．

2. 実行状態から実行可能状態への遷移

特定のプロセスがCPUを占有するのを防止するために，**タイムスライス (time slice)** あるいは**タイムクオンタム (time quantum)** と呼ばれる，プロセスが連続して走行可能な時間量がシステムによって設定される．一般的なオペレーティングシステムでは，1ミリ秒から10ミリ秒程度が設定されることが多い．タイムスライスが満了する前にプロセスが自らCPUを解放しなければ，タイマ割込みが発生してオペレーティングシステムに制御が移行する．これを**横取り (preemption)** と呼ぶ．オペレーティングシステムは，実行状態のプロセスを実行可能状態にする．

3. 実行状態から待ち状態への遷移

実行中のプロセスは，入出力操作を開始したり，なんらかの**事象 (event)** が発生するのを待つ操作を実行することによって，自らを待ち状態にする．

4. 待ち状態から実行可能状態への遷移

入出力操作が完了したとき，あるいは待ちの対象となっている事象が発生したときに，そのプロセスは待ち状態から実行可能状態に遷移する．

以上の4つの状態遷移のうち，プロセスが自ら行うことができるのは実行状態から待ち状態への遷移のみである．他の3つの状態遷移は，他の原因によって引き起こされる．

2.3 プロセス制御ブロック

プロセスは，システムの内部では**プロセス制御ブロック** (**PCB**: **Process Control Block**) と呼ばれるデータ構造によって表される (図 2.3 参照)．PCB の各項目は，プロセス管理モジュールのみならず，オペレーティングシステムを構成する種々のモジュールによって参照・設定される．PCB の項目には，以下のものがある．

(1) 次の PCB へのポインタ
(2) プロセス識別子
(3) プロセスの状態
(4) プロセスの優先度
(5) プログラムのコード領域へのポインタ
(6) プログラムのデータ領域へのポインタ
(7) プログラムのヒープ領域へのポインタ
(8) プログラムのスタック領域へのポインタ
(9) プログラムカウンタの退避領域
(10) レジスタの退避領域
(11) メモリ管理情報
(12) 入出力情報

これらの項目のうち，特に重要なのがプログラムカウンタとレジスタの退避領域である．割込みが発生すると，割り込まれたプロセスのプログラムカウンタとレジスタの現在の値が，PCB の退避領域に設定される．一方，プロセスに CPU が割り付けられるときは，当該プロセスの PCB の退避領域の内容がプログラムカウンタとレジスタに設定される．このようなプロセスからプロセスへの CPU の切替えのための処理は，**コンテキストスイッチ** (**context switch**) と呼ばれる．図 2.4 に示すように，コンテキストスイッチを行うには，CPU を奪われるプロセスに関する情報を退避して，CPU が割り付けられるプロセスに関する情報を回復する必要がある．

実行状態にあるプロセスはシステム内で 1 つであるが，実行可能状態あるいは待ち状態にあるプロセスは複数存在する．このために，実行可能状態にある

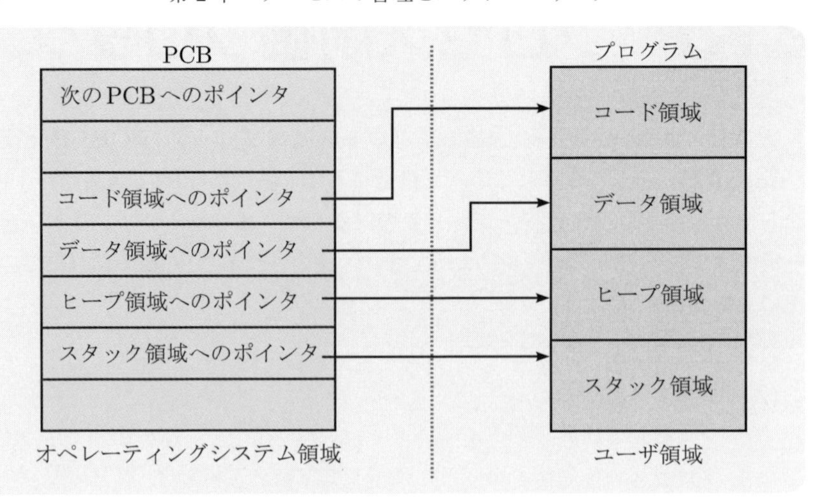

図 2.3 プロセス制御ブロック

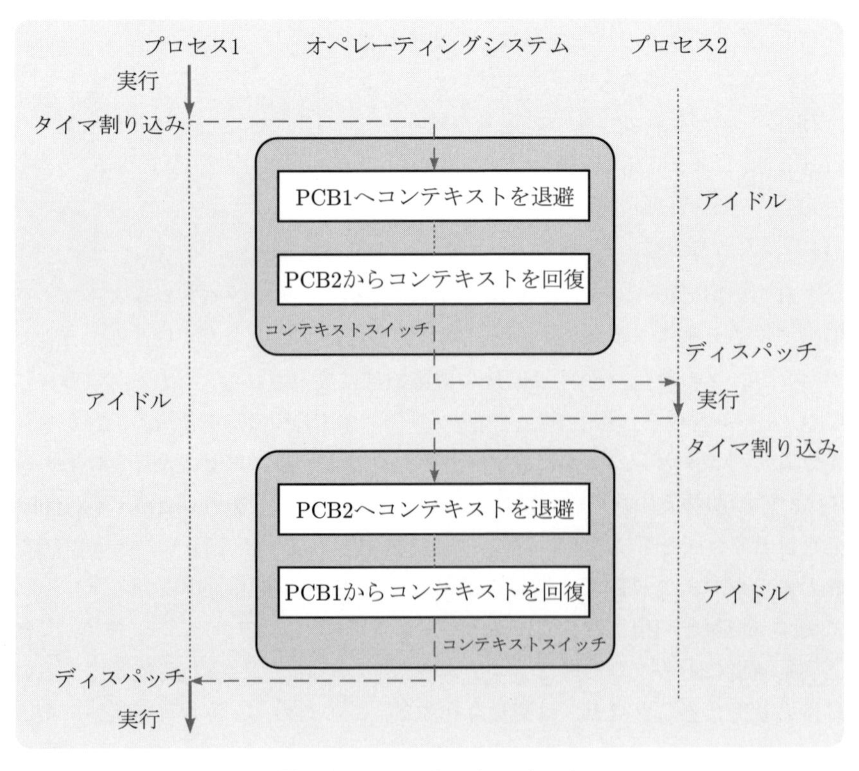

図 2.4 コンテキストスイッチ

プロセスと待ち状態にあるプロセスに関して，それぞれ**実行可能キュー** (**ready queue**) と**待ちキュー** (**waiting queue**) と呼ばれる PCB のキューが作られる (図 2.5 参照)．実行可能キューは，到着順あるいは優先度順に作成される．したがって，プロセスに CPU を割り付ける場合，キューの先頭の PCB に対応したプロセスに CPU が割り付けられる．一方，プロセスは到着順あるいは優先度順に待ち状態になるわけではないから，待ちキューには順序が付けられていない．それらのプロセスの待ちの対象となっている事象が発生した順に，待ちが解除されるからである．

これらのキューは，一般にリンクでつながれた構造になっており，オペレーティングシステムの領域に置かれる．キューのヘッダには，キューの先頭につながれている PCB へのポインタとキューの最後につながれている PCB へのポインタが格納される．各 PCB は，キューにおける次の PCB へのポインタを持っている．プロセスは，その仕事が開始されるまで徐々に実行可能キューの先頭へ移動する．プロセスがキューの先頭に到達して，かつ CPU が空いたとき，そのプロセスに CPU が割り付けられる．

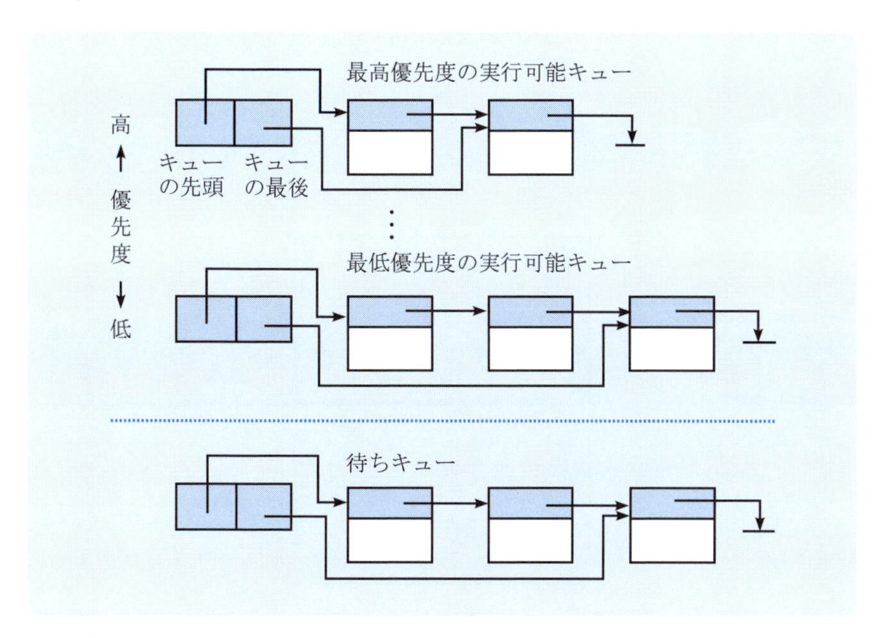

図 2.5　プロセス制御ブロックのキュー

2.4 プロセスの操作

プロセスの進行を管理するためには，プロセスの生成と消滅，プロセスの中断と再開などの操作が必要となる．本節では，これらの操作について説明する．

2.4.1 プロセスの生成と消滅

プロセスの生成では，まずPCBやプロセス用の領域を確保し，プロセスの名前付け，優先度の決定，資源の割付けなどを行って，PCBの各項目を設定する．その後，そのPCBを実行可能キューの最後につなぐ操作が行われる．

プロセス用の領域は，図2.6にあるように，コード領域，データ領域，ヒープ領域，スタック領域からなる．コード領域には機械語命令が格納される．データ領域は静的変数のための領域であり，ヒープ領域はプロセスの実行時に動的に確保されるデータ用の領域である．

プロセスは，新しいプロセスを生成することができる．この場合，プロセスを生成する方のプロセスを**親プロセス** (**parent process**)，生成された方のプロセスを**子プロセス** (**child process**) と呼ぶ．プロセスを順次生成して行く

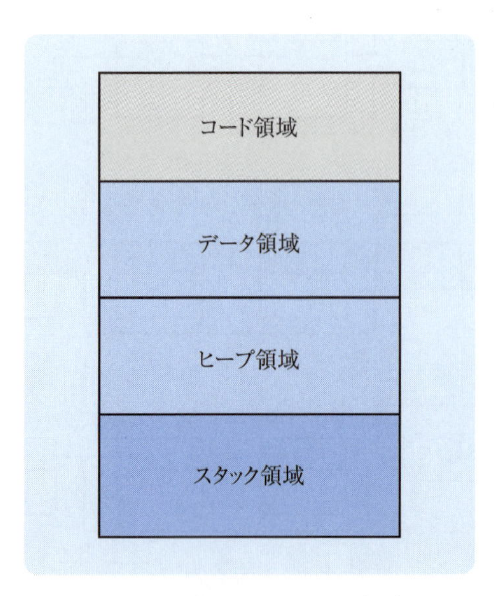

図 2.6　プロセスのための領域

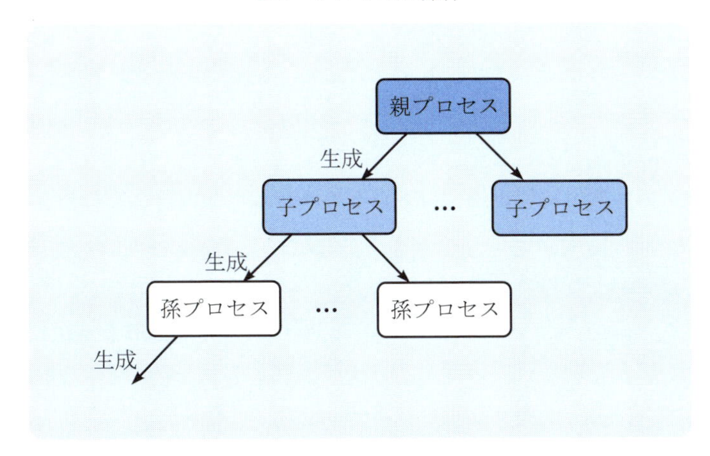

図 2.7　プロセスの階層

と，図 2.7 に示すようなプロセスの階層構造が形成される．そこでは，おのおのの子プロセスは 1 つの親プロセスを持ち，親プロセスは複数の子プロセスを持つことができる．

プロセスの消滅は，通常はプロセスの実行が終了した場合に行われるが，プロセスの異常終了などのように実行途中の場合にも行われることがある．実行が終了したプロセスを消滅する場合は，単に当該プロセスに対応した PCB の領域をシステムに返却するだけでよい．しかし，実行途中のプロセスを消滅する場合は，その処理は若干複雑となる．そのプロセスが使用している資源をシステムに返却するために，その資源に対応した情報を各種キューあるいはテーブルから削除する必要がある．この処理を行った後で，ようやく当該プロセスに対応した PCB がシステムに返却されプロセスが消滅する．

2.4.2　プロセスの中断と再開

プロセスの中断 (suspend) は，システムの負荷が高くなったときに，一時的に特定のプロセスを実行可能状態から除くためにシステムによって行われることが多い．中断されたプロセスは，システムあるいは他のプロセスによって再開されるまで前へ進むことができない．プロセスの中断が長時間続く場合は，プロセスが使用している資源を解放しなければならない．資源の解放についての方針は，資源の性質に依存している．たとえば，主記憶はプロセスが中断されたとき直ちに解放しなければならない．ディスクは，プロセスが短時間しか中断されないときはそのままにしておけるが，長時間中断されるときは解放しなければならない．**プロセスの再開** (**resume**) は，プロセスが中断した時点の次の命令から再開することを意味する．

プロセスの中断と再開の操作は，以下の場合に特に重要なものとなる．

- システムに障害が発生したとき，実行中のプロセスは一時的に中断され，障害が回復された後で再開される．
- プログラムのデバッグを行うときに，プロセスの部分的な結果について，それが正しく動作しているかユーザが確認できるまで中断される．
- システムの負荷が高くなったとき，特定のプロセスを中断することができる．それらのプロセスは，負荷が通常のレベルに戻ったときに再開される．

プロセスは，自ら中断する場合もあるし，他のプロセスによって中断される場合もある．CPU が 1 つしかないシステムにおいては，実行中のプロセスはそれ自身でしか中断することができない．他のプロセスは，中断操作を行うために同じ時点で実行中にはなりえないからである．複数の CPU で構成されるシステムにおいては，ある CPU 上で実行中のプロセスは，他の CPU 上で実行中のプロセスを中断することができる．一方，実行可能状態あるいは待ち状態にあるプロセスは，他のプロセスによってのみ中断される．

2.5 スレッドと軽量プロセス

プロセスを効率良く実行するためには，プロセス自体の高速化のみならず，プロセスの生成・消滅，コンテキストスイッチなどのプロセスの処理の本質に関係しない操作の時間を極力小さくしなければならない．このため，これらの操作の高速化を目的として**スレッド** (**thread**) あるいは**軽量プロセス** (**light-weight process**) と呼ばれる機構が多くのオペレーティングシステムで実現されている．従来のプロセスは，スレッドと対比するとき**重量プロセス** (**heavy-weight process**) と呼ばれる．

2.5.1 スレッドとは

スレッドは，プログラムを実行するための1つの実体であり，小さな，軽量な，そして低コストな構成要素であるといえる．スレッドは，制御の流れを表し，実行に必要な最小のコンテキストであるレジスタセットとスタックを持つ．以下に示すように，スレッドはプロセスそのものではない．

- **スレッドに固有の情報**

  プログラムカウンタ，レジスタセット，スタック，子スレッド，状態．

- **プロセスのコンテキスト**

  アドレス空間，大域変数，オープンしたファイル，子プロセス，タイマ，シグナル，セマフォ，アカウント情報など．

プロセスは，1つ以上のスレッドから構成される．Unix のプロセスは，1つのスレッドとプログラムから構成されたものと見なすことができる．スレッドは，プロセス内で実行され，互いにプロセスのコンテキストを共有する．

2.5.2 スレッドの実現法

スレッドの実現法としては，従来のプロセスの中に複数の実行主体であるスレッドを定義できるようにしたものが多い．プロセスは，1つのプログラムの実行に対応しアドレス空間を提供する．すべてのスレッドは，プログラム全体を共有する．通常のプログラムは，単一スレッドとして実行される．すなわち，実行の単一の流れを表す．多重スレッドプログラムは，実行の多重の流れを表す (図 2.8 参照).

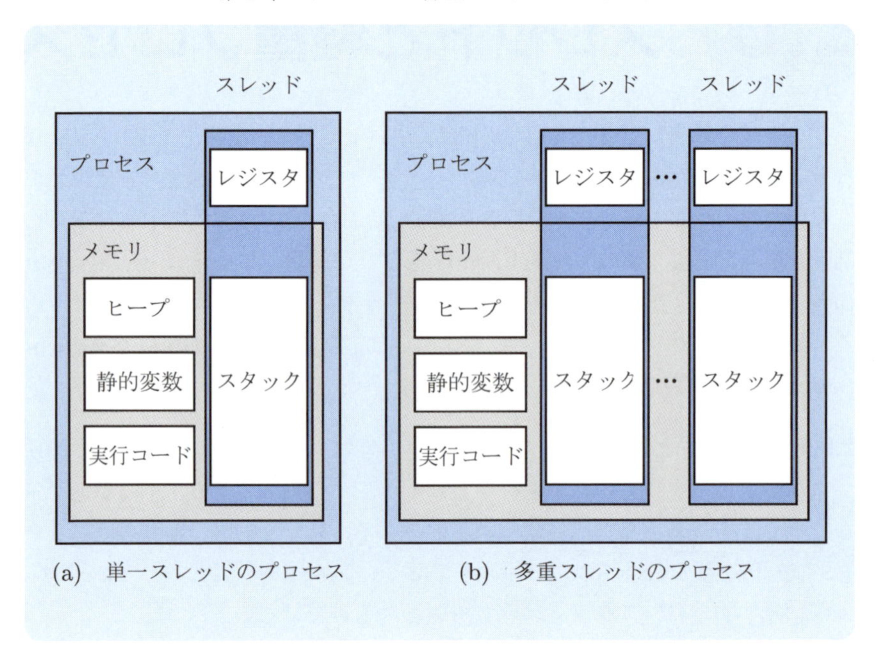

図 2.8 単一スレッドのプロセスと多重スレッドのプロセス

スレッドは，カーネルレベルおよびユーザレベルで実現することができる．カーネルレベルで実現する場合は，カーネルがスレッドを管理し，スレッドのスケジューリング，スレッド間の同期・通信などを行う．これらは，従来のプロセスと同様の手法で実現される．この手法の問題点は，種々のスレッド操作にカーネルが関与するため，そのオーバヘッドが増大し，結局はスレッドが重いものになってしまうという点である．スレッドに対する操作は，カーネルによる操作によって実現されるため，実行モードの切替えが必要となる．また，スレッドを表すデータ構造であるスレッド制御ブロックは，カーネルのアドレス空間に保持しなければならない．

ユーザレベルで実現する場合は，コルーチンが使用されることが多い (コルーチンに関しては3章を参照のこと)．その場合，コルーチンごとにスタックを確保し，コルーチンの切替えのときにはプログラムカウンタやスタックポインタなどのレジスタの値を退避・回復すればよい．こうした操作は，カーネルを変更することなくユーザプログラムのレベルで実現することができる．この方式の利点としては，スレッドを軽くできるのできわめて多数のスレッドが生成できること，ユーザがスケジューリングやスレッド間通信を直接制御できることなどが挙げられる．コルーチンの問題点は，横取り可能にしたり，独立して入出力が実行できるようにすることが難しい点にある．

2.5.3　スレッドの利用

スレッドは，軽量であるというそれ自体の利点の他に，サーバプログラムの応答性を向上させたり，並列アルゴリズムを容易に表現できるなどの利点を持つ．また，マルチプロセッサシステムやマルチコアプロセッサを搭載したシステムでは，1つのプログラムで並列処理が実現できる利点も持つ．本節では，スレッドがその効果を発揮する利用場面について説明する．

1. サーバプログラムの応答性の向上

サーバプログラムを多重スレッドのプロセスとして構成することによって，クライアントの要求に対する応答性が向上する．これは，クライアントからサーバに対して要求があるたびに，その要求に対応したスレッドを生成し，そのスレッドにクライアントが要求した処理とクライアントへの結果の応答を任せることによって実現される．このようにすることによって，サーバはスレッドを生成した後，直ちに他のクライアントの要求を受け付けることができる．

この方法は，たとえば，ウィンドウシステムのようなユーザインタフェースに利用することができる．ユーザとのやり取りに1つのスレッドを割り当て，ユーザ要求の実行に別のスレッドを割り当てる．そうすると，ユーザは並行動作が可能となり，応答性も向上する．また，Webサーバに代表されるインターネットサーバにも適している．

2. CPU処理と入出力処理のオーバラップ

入出力要求は，一般に同期的に行われる．すなわち，入出力実行中はそれが終了するまで待たなければならない．このような場合，入出力要求のおのおのにスレッドを割り付けると，入出力の完了を待つにはそれらのスレッドを待ち状態にするだけでよい．しかも，入出力を要求したスレッドは，自分の処理を継続することができる．待ち状態になったスレッドは，入出力の完了を待って入出力を要求したスレッドに知らせる．同様のことは，遠隔手続き呼出しなどの他のネットワークサービスでも可能である．

3. 並列アルゴリズムの表現

プログラマは，スレッドを使用することによって，並列アルゴリズムを容易に表現することができる．たとえば，以下のプログラムを考えてみよう．

```
Qsort(List) {
    PartitionList(List, LeftList, RightList);
    CreateThread(Thread, Qsort, RightList);
    Qsort(LeftList);
}
```

このプログラムは，クイックソートを並列化した簡単なスレッドプログラムである．クイックソートは，ソートすべき項目の中から任意に1つの項目を選択し，その項目よりも小さい項目の集まり (LeftList) と大きい項目の集まり (RightList) に分割し，それぞれを再帰的にソートして行くものである．このプログラムでは，2つの部分のソートにそれぞれ1つのスレッドを割り当てて実行するようになっている．このプログラム (スレッド) は，RightList をソートする新しいスレッドを生成し，自分は LeftList をソートする．

他の例として，以下のプログラムを考えてみよう．このプログラムは，処理の本質的な部分のみを行って，他の処理は別のスレッドで行うような処理の記述例となっている．

```
BalancedInsert(Tree, Node) {
    TreeInsert(Tree, Node);
    CreateThread(Thread, BalanceTree, Tree);
}
```

このプログラムは，バランス木にノードを挿入して，挿入されてできた新しい木を再びバランスさせる処理を行う．このスレッドは，自分は木にノードを単に挿入するだけで，木をバランスするために新しいスレッドを生成して終了している．このようにすることによってプログラムの応答性を向上させることができる．

2.6 マルチプログラミングの概念

プロセスは，CPU 処理と入出力処理が交互に現れる処理の系列と考えることができる．プロセスの実行は，まず，CPU の処理から始まる．次に，入出力処理が続く．以降は，この順に処理が繰り返され，最終的に CPU 処理で実行が完了する (図 2.9 参照)．プロセスが入出力の完了待ちになると，CPU はアイドル状態となる．

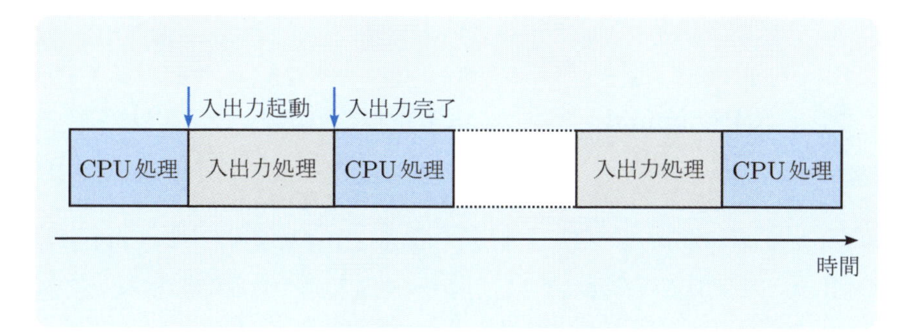

図 2.9　プロセスの処理系列

マルチプログラミング (**multiprogramming**) は，このアイドル時間をなくして，CPU の利用率を向上させることを目的としている．このために，複数のプロセスが同時に主記憶上に置かれ，プロセスが待ち状態になると，そのプロセスから CPU を奪い別のプロセスに CPU を割り付ける．したがって，CPU はアイドル状態とはならない．マルチプログラミングが CPU の利用率を向上させることを，2 つのプロセス P1 と P2 の実行を例として説明する (図 2.10 参照)．各プロセスは，1 秒間の CPU 処理と 1 秒間の入出力処理が 5 回ずつ交互に行われる処理の系列からなるとする．

図 2.10(a) のように，最初にプロセス P1 を実行し，次に P2 を実行した場合，2 つのプロセスの実行に要する時間は 20 秒となる．すなわち，プロセス P1 を実行するのに 10 秒，それからプロセス P2 を実行するのに同じく 10 秒かかる．この時間のうち，実際に CPU を使用するのは 10 秒であり，残りの 10 秒はアイドル状態となる．したがって，この場合の CPU 利用率は，50%しかないこ

とになる．

次に，図2.10(b)のように，プロセスP1とプロセスP2をマルチプログラミングによって処理する場合を考える．プロセスP1を開始し，1秒間それを実行する．それから，プロセスP1が1秒間待つ間にプロセスP2を実行する．それから，プロセスP2が待ち状態となり，プロセスP1が再び実行状態となる．このようにすると，CPUは常に仕事を行っていることになる．したがって，CPU利用率は50%から100%に向上する．

図2.10の例は，プロセスのCPU処理と入出力処理の時間が同じで都合の良い場合である．しかし，実際には各処理の時間は一定ではない．全体の処理時間においてCPU処理の割合が入出力処理の割合よりも大きいプロセスは，**CPUバウンド**(**CPU bound**)のプロセスと呼ばれる．CPUバウンドのプロセスは，数種類の長いCPU処理を持つ処理の系列である．これに対して，入出力処理の割合が大きいプロセスは，**入出力バウンド**(**I/O bound**)のプロセスと呼ばれる．入出力バウンドのプロセスは，短いCPU処理が，長い入出力処理の間に出現する処理の系列となる．これらのプロセスの処理の特性は，上の例のように都合良くCPUを使用することを困難にする．したがって，マルチプログラミングシステムにおいては，各プロセスの特性を考慮して適切なCPUスケジューリングアルゴリズムを選択しなければならない．

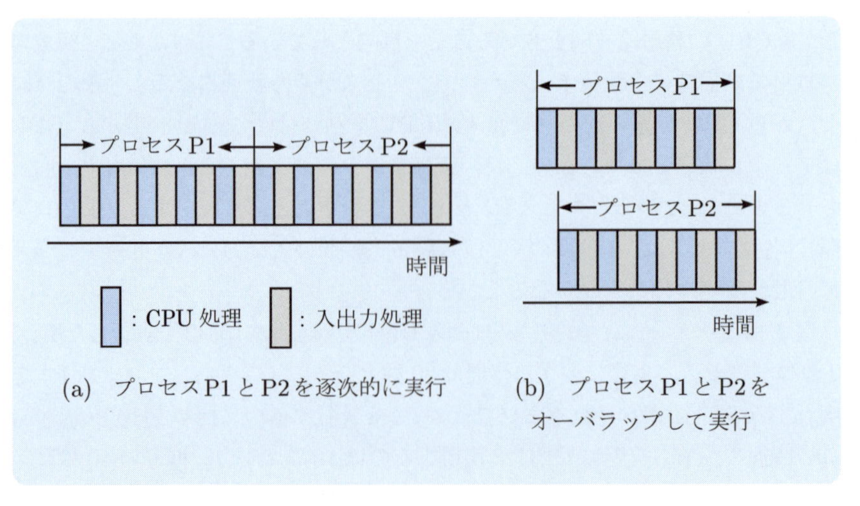

図2.10　2つのプロセスの処理系列の実行方法の比較

2.7 CPUスケジューラとスケジューラの基準

CPUスケジューラ (CPU Scheduler) は，実行可能状態にあるプロセスの集合から，次にCPUを割り付けるプロセスを選択する．選択されたプロセスに実際にCPUを割り付けるのは，**ディスパッチャ(dispatcher)** の役目である．すなわち，方針を決定するのがCPUスケジューラであり，決定された方針に基づいて実際に処理を行う機構がディスパッチャであるといえる．CPUスケジューラは，システムを円滑に動作させるために，プロセスを一時的に中断したり再開したりする方針を決定し，システム負荷の変動に対応する．ディスパッチャは，CPUスケジューラから呼び出され，実行中のプロセスのレジスタを退避し，次に実行すべきプロセスのレジスタを回復をする．その後，システムモードからユーザモードへの切替えを行い，次に実行すべきプロセスに制御を渡す．

CPUスケジューラは，システムに到着したプロセスを直ちに実行可能状態とはせずに，何らかのキューにつなぐことによってシステム内のプロセス数を制限することができる．システム内のプロセス数は，**マルチプログラミングの多重度 (degree of multiprogramming)** と呼ばれる．この多重度を安定させるためには，システムに到着するプロセス数とシステムから立ち去るプロセス数を等しくすればよい．これは一般に困難であることから，プロセスの平均到着率と平均離脱率を等しくすることが考えられている．

CPUスケジューラにおいては，マルチプログラミングの多重度のみならず，プロセスの特性をも考慮して次に実行すべきプロセスを選択しなければならない．このために，数多くのスケジューリングアルゴリズムが提案されている．これらの中から特定のアルゴリズムを選択する場合，各アルゴリズムの特長を考慮しなければならない．スケジューリングアルゴリズムを選択あるいは比較するための**スケジューリングの基準**として，以下のものがある．

(1) CPU利用率
(2) スループット
(3) ターンアラウンド時間
(4) 待ち時間
(5) 応答時間

CPU 利用率 (**CPU utilization**) は，システム稼働時間に対する CPU の動作時間の割合である．CPU の動作時間は，システム稼働時間からアイドル時間を引いた時間である．**スループット** (**throughput**) は，CPU が単位時間当たりに行う仕事量 (完了するプロセスの数) である．**ターンアラウンド時間** (**turnaround time**) は，プロセスの実行を要求してから完了するまでの時間であり，各種の待ち時間と CPU 時間の合計である．バッチシステムにおいては，スループットとターンアラウンド時間が性能の基準としてよく使用される．**待ち時間** (**waiting time**) は，プロセスが完了するまでに実行可能キューで待つ間に費やされる時間の合計である．**応答時間** (**response time**) は，プロセスの実行を要求してから最初の応答が得られるまでに要する時間である．すなわち，応答を開始するまでにかかる時間であって，その応答を出力するのにかかる時間ではない．これは，タイムシェアリングシステムなどの会話型システムにおける性能の基準として使用されることが多い．

以上のような 5 つの基準が考えられるが，CPU 利用率とスループットを最大にし，同時にターンアラウンド時間，待ち時間，応答時間を最小にすることが理想である．しかし，各アルゴリズムは固有のパラメータを持っているため，これらの基準を使用してアルゴリズムを選択することは非常に難しい問題となる．考えなければならないのは，これらの基準のどれを優先するかである．また，各基準において平均，最大，最小のどの値を重視するかも考えなければならない．多くのシステムでは，主に平均の値を向上することに目標を置いている．しかし，平均よりも最小あるいは最大の値を向上させたい場合もある．タイムシェアリングシステムのような会話型システムでは，平均の応答時間を最小化するよりも応答時間の偏りを最小化することが重要となる場合もある．

2.8 スケジューリングアルゴリズム

スケジューリングアルゴリズムは，**横取り不可能な (non-preemptive)** スケジューリングアルゴリズムと**横取り可能な (preemptive)** スケジューリングアルゴリズムに大きく分かれる．横取り不可能なアルゴリズムでは，CPU があるプロセスに割り付けられると，そのプロセスが終了あるいは入出力の完了待ちなどによって CPU を解放するまで，他のプロセスに CPU を割り付けることができない．横取り可能なアルゴリズムでは，プロセスが実行途中であっても，CPU をそのプロセスから奪い取って他のプロセスに割り付けることができる．このように，CPU をプロセスから奪い取ることを**横取り (preemption)** という．本節で説明するアルゴリズムのうち，FCFS や SJF スケジューリングは，基本的に横取り不可能である．一方，優先度やラウンドロビンスケジューリングは横取り可能なアルゴリズムである．

2.8.1 FCFS スケジューリング

到着順 (FCFS: First Come First Service) スケジューリングは，実行可能キューに最初に到着したプロセスから CPU が割り付けられる (図 2.11 参照)．

FCFS は，プロセスの実行可能キューを **FIFO(First In First Out)** キューとして構成することによって簡単に実現することができる．プロセスが実行可能状態になると，そのプロセスに対応するプロセス制御ブロックが実行可能キューの最後につながれる．CPU が空くと，実行可能キューの先頭のプロセス制御ブロックに対応したプロセスに CPU が割り付けられる．

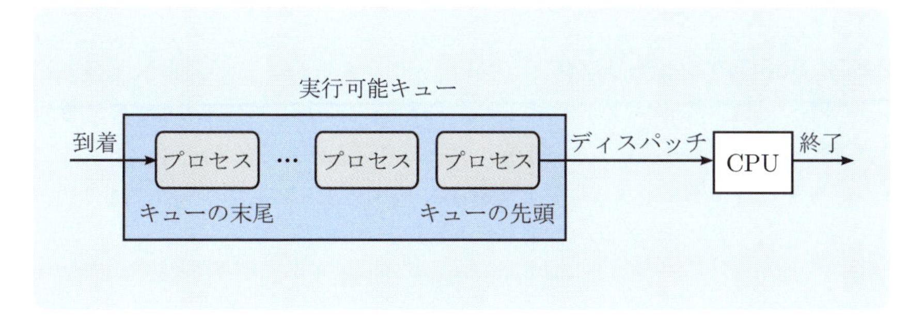

図 2.11　FCFS スケジューリング

FCFSを使用した場合のスケジューリング例として，次の3つのプロセスを考える．

プロセス	処理時間
A	10
B	5
C	20

この場合，各プロセスの到着順の組合せで表2.1のような処理系列およびターンアラウンド時間を得る．なお，平均ターンアラウンド時間は，小数点以下第1位を四捨五入している．

表2.1 FCFSの平均ターンアラウンド時間

プロセスの到着順序（処理時間）			ターンアラウンド時間			平均ターンアラウンド時間
			A	B	C	
A(0〜10)	B(10〜15)	C(15〜35)	10	15	35	20
A(0〜10)	C(10〜30)	B(30〜35)	10	35	30	25
B(0〜 5)	A(5〜15)	C(15〜35)	15	5	35	18
B(0〜 5)	C(5〜25)	A(25〜35)	35	5	25	22
C(0〜20)	A(20〜30)	B(30〜35)	30	35	20	28
C(0〜20)	B(20〜25)	A(25〜35)	35	25	20	27

表2.1から分かるように，FCFSスケジューリングでは，処理時間の長いジョブが先に到着すると平均ターンアラウンド時間は大きくなり，処理時間の短いジョブが先に到着すると平均ターンアラウンド時間は小さくなる．このように，FCFSスケジューリングでは，処理時間の長いジョブが先に到着する場合が問題となる．これは，FCFSが横取りが不可能なアルゴリズムのため，プロセスの処理時間などの特性を考慮したスケジューリングが行えないためである．

2.8.2 SJFスケジューリング

FCFSの問題を解決するためのCPUスケジューリングの方法として，**最短時間順**（**SJF**: **Shortest Job First**）アルゴリズムがある．SJFは，最も短いCPU処理を持つプロセスから順にCPUを割り付けるアルゴリズムである．例として，以下のプロセス集合を考える．

プロセス	処理時間
A	10
B	5
C	20

SJF スケジューリングを使用すると，図 2.12 に示すようなプロセスの処理系列となる．したがって，平均ターンアラウンド時間は

$$\frac{5+15+35}{3} \fallingdotseq 18$$

となる．

短いプロセスを長いプロセスの前に移動することによって，長いプロセスの待ち時間の増加量よりも，短いプロセスの待ち時間の減少量の方を大きくすることができる．したがって，平均待ち時間が減少する．このように，SJF は最適なアルゴリズムであることが分かる．すなわち，SJF は与えられたプロセス集合に関して最小の平均待ち時間を与える．しかし，SJF を使用する場合，各プロセスの CPU 処理の時間が既知でなければならないため，実際のスケジューリングアルゴリズムとして使用することはできない．

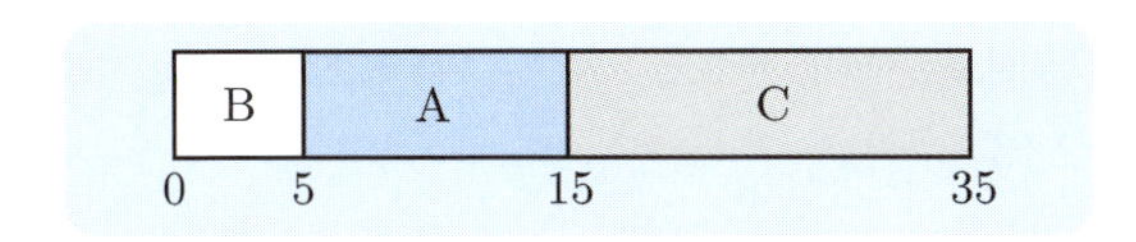

図 2.12　SJF によるプロセスのスケジューリング例

2.8.3　優先度スケジューリング

優先度 (priority) スケジューリングでは，各プロセスに優先度が割り付けられ，各時点で最も高い優先度のプロセスに CPU が割り付けられる．同じ優先度のプロセスは FCFS などでスケジュールされる．

プロセスの優先度としては，一般にあらかじめ定められた非負の整数が用いられている．ただし，値が小さい数が優先度が高いのか，あるいは低いのかは，システムによって異なる．優先度は，内部的あるいは外部的な基準によって定義される．内部的な優先度としては，デッドライン (時間制限)，主記憶の使用量，CPU 処理時間，入出力時間などが使用される．外部的な優先度は，オペレーティングシステムの外の基準，たとえば緊急の処理か否かなどによって設定される．

優先度スケジューリングにおいて問題となるのは，**無限の延期 (infinite postponement)**，**無限の閉塞 (infinite blocking)**，**飢餓 (starvation)** などと呼ばれる，プロセスを永久に待たせる状況が発生することである．すなわち，優

先度スケジューリングにおいては，高い優先度を持つプロセスにのみ CPU を割り付けてしまい，いくつかの低い優先度を持つプロセスを無限に待たせてしまう場合がある．この問題は，**エージング** (**aging**) と呼ばれる方法を使用することによって解決することができる．エージングは，長時間システム内に滞在しているプロセスの優先度を徐々に高くする方法である．したがって，最低の優先度を持つプロセスでも最終的にシステム内で最高の優先度を持ち実行されることになる．

2.8.4 ラウンドロビンスケジューリング

ラウンドロビン (**round-robin**) **スケジューリング**は，タイムシェアリングシステムのために設計された．タイムシェアリングシステムにおいては，**タイムスライス** (**time slice**) あるいは**タイムクオンタム** (**time quantum**) と呼ばれる一定の時間量が定義される．各プロセスは，この時間量の間 CPU が割り付けられる．時間量が満了すると，他のプロセスに CPU が切り替えられることになる (図 2.13 参照)．

ラウンドロビンスケジューリングでは，実行可能キューとして**循環キュー** (**circular queue**) が使用される．実際には，FIFO キューによって循環キューが実現されている．実行中のプロセスは時間が満了すると実行可能キューの最後につながれる．CPU スケジューラは，実行可能キューの先頭のプロセスを取り出し，タイムスライスの監視のためにタイマを設定する．プロセスによっては，タイムスライス内で処理を終了するものがある．この場合は，プロセスが自ら CPU を解放することになる．タイムスライス内で処理が終了しない場合

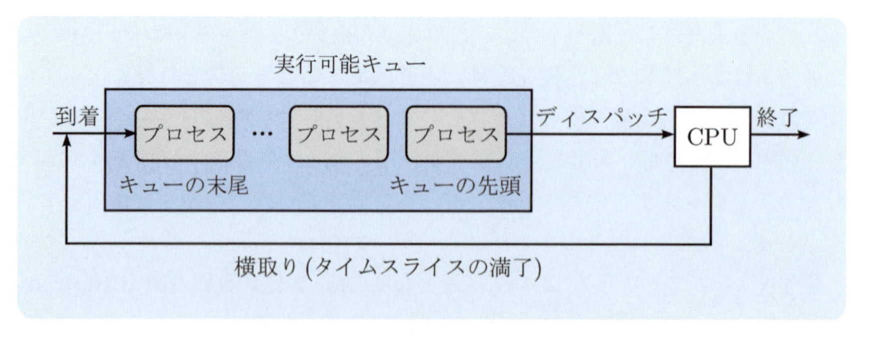

図 2.13 ラウンドロビンスケジューリング

は，タイマが満了になり割込みが発生する．割り込まれたプロセスは，実行可能キューの最後につながれる．そして，CPU スケジューラは実行可能キューの先頭のプロセスに次のタイムスライスを割り付ける．例として，以下のプロセス集合を考える．

プロセス	処理時間
A	10
B	5
C	20

タイムスライスとして 4 を使用すると，ラウンドロビンスケジュールは図 2.14 のようになる．

ラウンドロビンの性能は，タイムスライスの長さに強く依存している．タイムスライスが極端に長いと，ラウンドロビンは FCFS と同じことになる．上の例では，タイムスライスを 20 にすると FCFS と同様になる．さらに，タイムスライスが短いと，プロセスが頻繁に切り替わることになり，コンテキストスイッチのオーバヘッドが無視できなくなる．

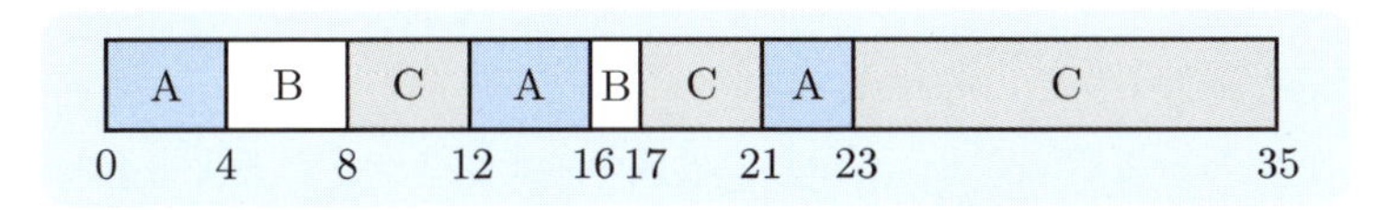

図 2.14 ラウンドロビンスケジューリングの例

2.8.5 多重レベルスケジューリング

プロセスの特性を考慮し，その特性ごとに異なったスケジューリングアルゴリズムやスケジューリングパラメータ (タイムスライスや優先度の基準) を使用する方式が考えられる．たとえば，会話型のプロセス集合にはラウンドロビンスケジューリングを，リアルタイム処理のためのプロセス集合には優先度スケジューリングを採用することなどである．このように，プロセスを分類してスケジュールする方式の 1 つとして，**多重レベル (multi-level) スケジューリング**がある．この方式は，実行可能キューを複数のキューに分割し，おのおの異なったアルゴリズムでスケジュールするものである (図 2.15 参照).

多重レベルスケジューリングでは，キュー内のスケジューリングの他に，複数のキューの間のスケジューリングが必要になる．これにも，優先度スケジューリングやラウンドロビンスケジューリングなど種々のスケジューリングアルゴリズムを使用することができる．

多重レベルスケジューリングでは，プロセスは1つのキューに固定的に割り付けられており，キュー間では移動しない．これに対し，**多重レベルフィードバックスケジューリング** (**multi-level feedback scheduling**) では，プロセスがキュー間で移動することを可能としている．たとえば，あるプロセスがCPUを使いすぎると，より低い優先度を持つキューへ移動したり，優先度の低いキューで長い間待っているプロセスをより高い優先度のキューへ移動することが可能となる．多重レベルフィードバックスケジューリングは，以下のようなパラメータによって定義される．

- キューの数
- 各キューのスケジューリングアルゴリズム
- プロセスをより高い優先度のキューへ移動する時期の決定法
- プロセスをより低い優先度のキューへ移動する時期の決定法
- プロセスをどのキューに入れるかの決定法

多重レベルフィードバックスケジューリングは，CPUスケジューリングの最も一般的な形態である．それは，特定のシステムに適合するように変更することが可能であることによる．しかし，最良のスケジューラを実現するために各種のパラメータの値を決定する問題は依然として残っている．

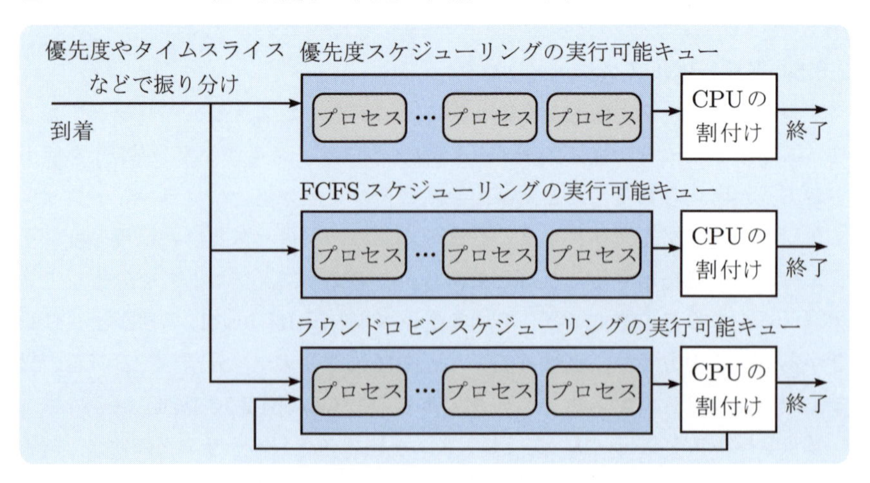

図2.15　多重レベルスケジューリング

演習問題

□ **2.1 （プロセスの状態と遷移）** プロセスの状態にはどのようなものがあるか．また，それらの状態はなぜ必要となるのか．さらに，それらの間の遷移について説明せよ．

□ **2.2 （プロセスに関する操作）** プロセスに関する操作にはどのようなものがあるか説明せよ．

□ **2.3 （プロセスとスレッド）** プロセスとスレッドの違いについて説明せよ．また，スレッドに適した処理を挙げて，適する理由を説明せよ．

□ **2.4 （スケジューリングアルゴリズムの選択の基準）** スケジューリングアルゴリズムを選択するための基準を 5 つ挙げ，おのおのについて説明せよ．

□ **2.5 （FCFS スケジューリングの問題点）** FCFS スケジューリングの問題点について説明せよ．

□ **2.6 （SJF スケジューリングの最適性）** SJF スケジューリングアルゴリズムは，なぜ最小の平均待ち時間を満足するか説明せよ．

□ **2.7 （スケジューリングアルゴリズムの適性）** 横取りのあるスケジューリングアルゴリズムと横取りのないスケジューリングアルゴリズムに適している環境をおのおの挙げよ．

□ **2.8 （多重レベルスケジューリング）** 多重レベルスケジューリングの問題点を挙げ，それを解決するための方法について説明せよ．

□ **2.9 （SJF スケジューリング）** 以下のプロセス集合に関して，横取りのある SJF スケジューリングの結果として，どのような処理系列が得られるか．また，横取りのない SJF スケジューリングの場合はどうなるか．さらに，おのおのの場合の平均ターンアラウンド時間を求めよ．

プロセス	到着時刻	処理時間
A	0	7
B	2	4
C	5	3
D	8	6

なお，横取りのある SJF スケジューリングでは，プロセスが到着したときに，その時点で最小の残りの処理時間を持つプロセスが次にスケジュールされる．このため，**SRTF(Shortest Remaining Time First)** と呼ばれることがある．

□ **2.10** **(各種スケジューリング)** 以下のプロセス集合が実行可能キューにあるとする．このとき，FCFS，SJF，ラウンドロビン (タイムスライスが2)，優先度の4つのスケジューリングアルゴリズムを用いた場合の平均ターンアラウンド時間と平均待ち時間をおのおの求めよ．ただし，これらの値は小数点以下第1位を四捨五入して求めよ．なお，プロセスはA, B, C, D, Eの順に実行可能キューに到着していると仮定する．また，優先度は，値の小さい方が高いとする．

プロセス	処理時間	優先度
A	10	5
B	1	1
C	2	3
D	1	4
E	5	2

第3章 プロセスの同期と通信

マルチプログラミングシステムでは，複数のプロセスが資源を共有する場合，それらの間で同期をとらなければならない．また，協調して処理を行う場合，それらの間で情報を交換しながら処理を進めなければならない．本章では，このような複数のプロセスが同時に進行する場合の問題，すなわち並行プロセスの同期と通信の問題について説明する．本章では，まず，並行プロセスの指定方法について説明した後，同期と相互排除，プロセス間通信について説明する．また，並行プロセスを操作するためのプログラミング言語における各種の構文要素やデッドロックなどの並行プロセスに関連した事項についても説明する．

並行プロセスとは
並行プロセスの指定
プロセスの同期と相互排除
プロセス間通信
デッドロック

3.1 並行プロセスとは

一般に，プロセスの進行は，他のプロセスからの割込みやメッセージに影響され，固定的なものとはならない．したがって，他のプロセスとの関連において，その進行を考えなければならない．2 つのプロセスが同時に実行可能なとき，それらのプロセスは**並行プロセス (concurrent process)** と呼ばれる．同時に実行することが不可能な場合は**逐次プロセス (sequential process)** と呼ばれる．並行プロセスは，データやプログラムなどの資源を共有する場合，それらの間で**同期 (synchronization)** をとらなければならない．すなわち，同時に使用することから生じる矛盾を回避するために高々1 つのプロセスが資源を占有するように連絡し合わなければならない．このような並行プロセスは**協同型逐次プロセス (cooperating sequential process)** と呼ばれる．

このように，プロセスは，同時実行可能な並行プロセスの集合と，逐次的に実行しなければならない逐次プロセスの集合に大きく分けることができる．同時実行可能とは，複数のプロセスを同時に実行した結果と，各プロセスを順番に実行した結果とが同一となることを意味する．並行プロセスは，共通に操作するデータが存在しないとき**素 (disjoint)** であるという．一方，共通のデータを操作する並行プロセスは**交差している (overlapping)** という．素なプロセスのおのおのは，自分の世界に閉じこもり，他のプロセスが何をしようと関知しない．しかし，プロセスが交差する場合は問題が生じる．たとえば，以下の 2 つのプロセスを考えよう．

```
P1: x := x + 1;    P2: x := x + 2;
```

x の初期値を 0 とし，P1 と P2 を並行に実行したとする．このとき，x の最終値が 3 となることを期待することは当然のことである．しかし，常にそうなるとは限らない．代入文は，以下の 3 つの機械語命令の系列として実現されるからである．

(1) x の値をレジスタへロードする．
(2) それに 1 あるいは 2 を加える．
(3) 結果を x にストアする．

したがって，P1 と P2 を交差させて実行すると，x の最終値は 1,2，あるいは 3 となる．たとえば，図 3.1 に示すように，(1) で P1 がメモリからレジスタに x の値をロードした後にタイマ割込みが発生したとする．このとき，(2) で P1 のレジスタは PCB へ退避される．ここで，P2 が実行状態になったとする．P2 は (3) で x の値をロード，(4) で 2 を加算，(5) でそれをストアすることで，x の値が 2 に更新される．ここで，再度 P1 が実行状態になると，(6) で PCB からレジスタの値が回復されて処理が継続される．そのため，(7) ではレジスタの値 0 に 1 が加算され，それを (8) で x へストアする．よって，最終的には x は 1 となる．

このような不都合なふるまいを回避するためには，2 つの代入文自体をおのおの 1 つの操作とし，上の 3 つの命令を交差することなく実行する必要がある．このように，複数のプロセスで交差することなく実行される操作は，**不可分 (indivisible) な操作**と呼ばれる．不可分な操作は，途中で他のプロセスに割り込まれることはない．

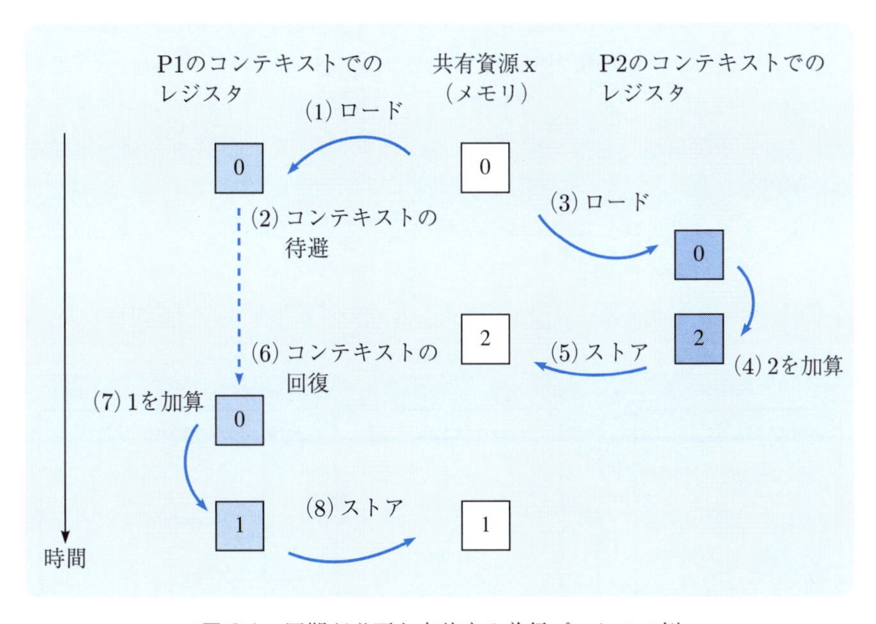

図 3.1　同期が必要な交差する並行プロセスの例

3.2 並行プロセスの指定

並行実行を指定するためにさまざまな記法が提案されている．以下では，並行実行を指定するための代表的な構文要素について述べる．

3.2.1 コルーチン

コルーチン (coroutine) の構造は，手続きの構造と似ている．しかし，手続き呼出しのように**呼出し元 (caller)** と**呼出し先 (callee)** といった関係は持たず，おのおのが対等な関係にある．コルーチンの間で制御を移行する場合は，resume 文が使用される．resume 文の実行は，手続き呼出しと同様であり，後でその resume 文の次の文に戻るために，そのときの状態に関する情報をスタックに退避して指定したルーチンへ制御を移行する．しかし，通常の手続き呼出しとは異なって，元のルーチンへ制御を戻す場合も resume 文を使用する．さらに，他のコルーチンが元のルーチンへ間接的に制御を戻す場合もある．たとえば，コルーチン C1 は C2 を，C2 は C3 を，C3 は C1 を resume 可能である．

図 3.2 にコルーチンの使用例を示す．resume 文は，コルーチン C1 と C2 の間で制御を移行するために使用されている．call 文は，コルーチンの処理を初期化するために使用される．そして，return 文は呼出し元 M へ制御を戻すために使用される．

コルーチンは，プロセスの 1 つの実現法と考えることができる．resume 文の実行は，プロセスの同期を行っていることに他ならない．コルーチンは，単一の CPU を共有する並行プロセスを構成するために使用することが可能である．

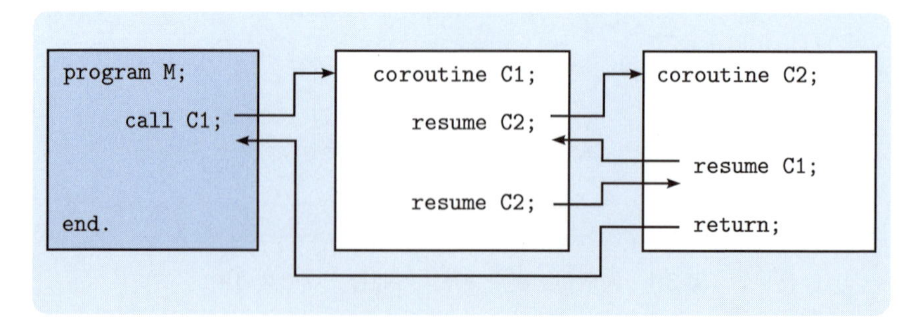

図 3.2　コルーチンの例

実際，マルチプログラミングはコルーチンを使用しても実現可能である．しかし，同時に1つのルーチンの実行しかできないので，コルーチンは並列処理には適していない．コルーチンは，プロセスの切替えが明示的に指定された並行プロセスであるといえる．

3.2.2 fork と join

fork 文は，call 文あるいは resume 文と同様に，手続きの実行を開始することを指定するための文である．しかし，call 文や resume 文と異なり，呼出し元の手続きと呼出し先の手続きは並行して先へ進むことができる．呼出し先手続きの完了と同期するために，呼出し元手続きは **join** 文を実行する．join 文の実行は，呼出し先手続きが終了するまで，呼出し元手続きを遅延させる．図3.3 に fork 文と join 文の使用例を示す．

P1 で fork 文が実行されると，P2 の実行が開始される．その後，P1 が join 文を実行するか P2 が終了するまで，P1 と P2 が並行して走行する．P1 が join 文に到達し P2 が終了した後に，P1 が join 文の次の文を実行する．

fork 文と join 文は，条件文や繰り返し文の中に指定することができるので，プログラムの実行を理解するためには，どのルーチンが並行して実行する可能性があるかを理解する必要がある．しかし，何らかの規則に基づいて矛盾が起こらないように考慮して使用するとき，これらの文はマルチプログラミングの長所を活かすことができ，強力である．fork を実現しているオペレーティングシステムとしては，Unix が代表的である．Unix においては，fork を実行したプロセスのコピーが子プロセスとして生成される．

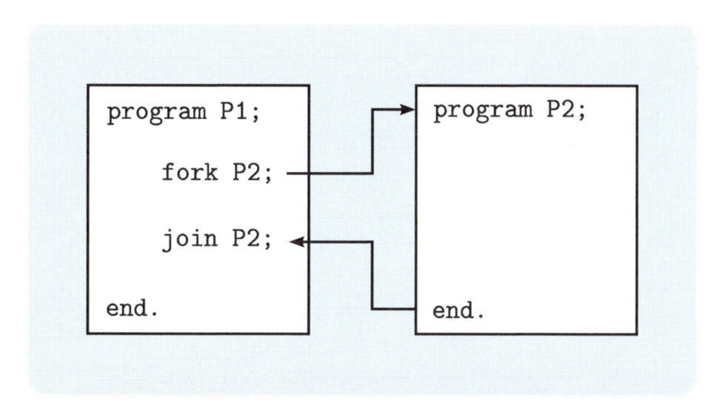

図 3.3 fork と join の使用例

3.2.3 並行文

並行文 (concurrent statement) は，多重の fork および join と見なすことが可能である．すなわち，いくつかのプロセスが fork によって同時に生成され，join によってすべてのプロセスの完了が同期される．言語 Concurrent Pascal では，以下のような構文になっている．

```
cobegin S1; S2; … Sn coend
```

ここで S1, S2, ..., Sn は，おのおの文あるいは文の集合であり，プロセスとして生成されるものである．最も単純な場合，プロセス S1, S2, ..., Sn は素になるように制限されている．この制限は，コンパイル時に検査可能である．並行文は，fork および join ほどに強力ではないが，種々の並行処理を指定することができる．さらに，並行文の構文は，どのルーチンが並行に実行されるかを明示しており，**単一入口単一出口 (single-entry, single-exit)** の制御構造を与えている．これは，プログラムの可読性を向上させる．

3.2.4 多重スレッド

スレッドは，2.5 節で述べたように，プロセスとは異なる概念であるが，**多重スレッド**も並行実行という点で並行プロセスと同様である．スレッドの実装の一つである Pthread では，pthread_create 文でプログラム内のサブルーチンを指定してスレッドを生成でき，生成元と生成先は並行に進むことができる．以降は fork と join と同様に，サブルーチンの完了時に pthread_join 文で同期する．スレッドの使用例を図 3.4 に示す．

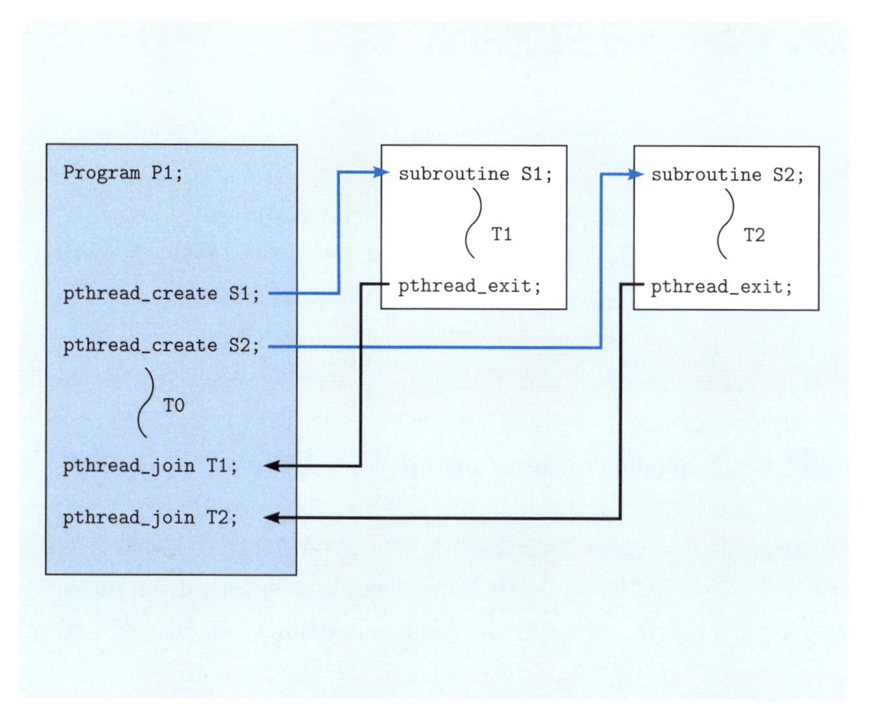

図 3.4　多重スレッドの使用例

3.3 プロセスの同期と相互排除

プロセス間で共有されるプログラムやデータなどの資源を**共有資源 (shared resource)** という．さらに，共有資源であっても，同時には 1 つのプロセスしか使用できない資源は**逐次的資源 (sequential resource)** と呼ばれる．おのおののプロセスにおいて，逐次的資源を使用する部分は**臨界領域 (critical section, critical region)**，あるいは**際どい部分**と呼ばれる．

2 つ以上のプロセスが同時に臨界領域に入ろうとする場合は，プロセス間で**同期 (synchronization)** をとり，高々1 つのプロセスが臨界領域に入るようにしなければならない．すなわち，不可分としなければならない．このために，**同期基本命令 (synchronization primitive)** が使用される．この同期基本命令自体も不可分でなければならない．

このように，あるプロセスが資源を使用している場合には，その資源が解放されるまで他のプロセスを待たせることを**相互排除 (mutual exclusion)**[*1] という．相互排除は，**相互実行 (mutual execution)**，すなわち 2 つ以上のプロセスが同時に実行することを禁止し，**デッドロック (deadlock)** [*2]，すなわち 2 つ以上のプロセスが互いに実行を阻止し合うことを禁止することに帰着する．本節では，相互排除を実現するための種々の同期基本命令について説明する．

3.3.1 Dekker のアルゴリズム

最も低水準の相互排除操作は，主記憶への格納操作が不可分であることを利用するもので，**Dekker のアルゴリズム**と呼ばれている．このアルゴリズムは実用的ではないが，相互排除操作の原理を明らかにしたことで意義がある．ここでは，大部分の時間はそれぞれ独立に実行しているが，同時にそれぞれの臨界領域に入る可能性がある 2 つの並行プロセスについて考える．これは，Concurrent Pascal の構文を使用すると以下のようになる．

[*1] 排他制御とも呼ばれる．

[*2] **相互閉塞 (mutual blocking)** とも呼ばれる．

```
cobegin
    P1: begin while true do CS1; NCS1 end;
    P2: begin while true do CS2; NCS2 end
coend
```

ここで，CS1およびCS2は，プロセスP1およびP2の臨界領域であり，それぞれで同じ資源を使用するものとする．cobeginとcoendはP1とP2が並行に実行できることを表す．NCS1およびNCS2は，それぞれのプロセスにおける臨界領域以外の部分を表している．解は，図3.5のようになる．ただし，プロセスP1に関してのみ示す．

アルゴリズムを順に見て行こう．まず，プロセスP1は，c1を真にすることによってその臨界領域に入ろうとしていることを宣言する．次に，プロセスP1は，プロセスP2もその臨界領域に入ろうとしているか調べるためにwhile文を実行する．c2が偽のときは，プロセスP1はwhileループからぬけて臨界領域CS1へ入ることができる．c2が真のときは，whileループに入る．変数turnは，両方のプロセスが同時に自分の臨界領域に入ることを避けるために使用される．turnが1ならばif文の本体をスキップし，再びc2をチェックするwhile文に戻りc2が偽になるのを待つ．turnが2ならばif文の本体に入り，c1を偽としturnが1になるまで待つことになる．この時点でc1を偽にすることは，プロセスP2に臨界領域に入ることを許可することに他ならない．

その後，P2は臨界領域から立ち去り，turnを1にしてc2を偽にする．プロセスP1は，最内側のwhileループで待つことから解放され，c1を真とする．そして，再び1つ外側のwhileループのチェックを実行する．c2がまだ偽であるならば，プロセスP1は臨界領域に入ることができる．しかし，プロセスP2が再び臨界領域に入ろうとしているならば，c2は真となっており，プロセスP1は再び外側のwhileループで待つことになる．しかし，この時点ではturnは1になっているので，プロセスP2の方が内側のwhileループで待つことになり，最終的には臨界領域に入ることが可能となる．

Dekkerのアルゴリズムは，c1とc2で相互実行が起こりえないことを，turnでデッドロックが発生しないことを保証している．プロセスP1あるいはP2

```
program Dekker;
  var turn: integer;
  c1, c2: boolean;
  procedure P1; /* プロセスP1 */
    begin
      while true do
        begin
          c1 := true; /* 臨界領域に入ろうとすることを宣言 */
          while c2 do
            if turn = 2 then /* P2が臨界領域に入っているか? */
              begin
                c1 := false;
                while turn = 2 do; /* P2が臨界領域から出るまで待つ */
                c1 := true;
              end;
          CS1;
          turn := 2; /* 今度はP2が臨界領域に入る番とする */
          c1 := false;
          NCS1
      end
    end;
        /* プロセスP2は省略 */
  begin /* 初期化 */
    turn := 1;
    c1 := false;
    c2 := false;
    cobegin
      P1; P2
    coend
  end.
```

図 3.5 Dekker のアルゴリズム

が if 文で臨界領域に入ってよいかを聞くときには，それぞれ c1 あるいは c2 は常に真であるから，相互実行は不可能となる．また，臨界領域の前の部分では turn の値を変更しないので，デッドロックは発生しない．

3.3.2　TS 命令

同期を実現するための 1 つの方法は，プロセスに共有変数の設定とテストを行わせることである．すなわち，おのおののプロセスで以下の 2 つを同時に行う単一の機械命令を使用することである．

- 共有変数の値の読出しとテスト
- 共有変数への新しい値の設定

この命令は，**TS 命令 (test and set)** と呼ばれている．たとえば，IBM の System/360 の TS 命令は以下のようにして使用される．

```
LOCK      TS    ENTER
          BNZ   LOCK
    /* 臨界領域 */
UNLOCK    MVI   ENTER,'00'
```

TS 命令によって変数 ENTER の値を検査し，値が 0 でないときは LOCK に分岐しループする．値がゼロのときは ENTER の値を 1 にして臨界領域に入る．臨界領域の処理を終了すると変数 ENTER の値を 0 にして，臨界領域から出る．このように TS 命令は共有変数 ENTER のテストと設定を一度に行う．

この方法では，同期の条件を待つために，共有変数を繰り返しテストしなければならない．すなわち，臨界領域に入れずに待っているプロセスは，絶えず入れるかどうかを確かめながらループしなければならない．これは**ビジーウェイト (busy-wait)** と呼ばれ，そのプロセスは**スピン (spin)** という．このようにして使用される変数は，**スピンロック (spin lock)** と呼ばれる．ビジーウェイトの状態にあるプロセスは，生産的な仕事を行わずに CPU をむだ遣いしていることになる．

3.3.3　セマフォ

Dijkstraは，TS命令のような低レベルの同期機構を使用することの問題を指摘し，それを解決するために**セマフォ**(**semaphore**)の概念を開発した．セマフォは，非負の整数値変数であり，それに関して2つの操作PとVが定義される．P(s)は，$s > 0$になるまで待ち，それから$s := s - 1$を実行する．P(s)は，不可分な操作として実行される．V(s)も，不可分な操作として$s := s + 1$を実行する．

```
P(s) if s > 0
        then s := s - 1
        else s が正の値になるのを待つ
V(s)  s := s + 1
```

セマフォを使用して相互排除問題の解を実現するためには，おのおのの臨界領域に対してP操作を先行させ，同一のセマフォに関するV操作を臨界領域の後に置けばよい．この場合のセマフォの初期値としては1が使用される．

```
P(s);        /* 共有資源が使用可能となるまで待つ．*/
 …           /* 臨界領域：共有資源を使用する．*/
V(s);        /* 共有資源を解放する．*/
```

値0は，あるプロセスが臨界領域に入っていることを表す．値1は，臨界領域に入っているプロセスが存在しないことを表す．このようなセマフォは，**2進セマフォ**(**binary semaphore**)と呼ばれる．

値が0と1だけでなく，任意の非負の値をとるセマフォは，**汎用セマフォ**(**general semaphore**)あるいは**計数セマフォ**(**counting semaphore**)と呼ばれる．汎用セマフォは，資源割付けを制御するときの同期に使用されることが多い．このようなセマフォは，初期値として資源の数が設定される．P操作は，空きの資源が有効となるまでプロセスを待たせるために使用される．V操作は，資源を返却するために実行される．図3.6に，セマフォによる2個のプロセスの相互排除問題に対する解を示す．

セマフォを使用するとき，P操作とV操作の指定順序を間違えるといった単純なミスを犯しやすい．セマフォには以下の問題があることが指摘されている．

- if 文などの条件文とともに使用するとき，P 操作あるいは V 操作を意図せずに飛び越してしまう可能性がある．
- P 操作の実行時にセマフォの値が 0 となっていると，そこで待つことになる．したがって，待つこと以外の操作を行うことができない．
- いくつかのセマフォのうちの 1 つを待つことができない．
- セマフォを必要としないプロセスにおいてもそのセマフォが見えてしまう．

```
program MutualExclusion;
   var mutex: semaphore; /* セマフォ変数の宣言 */
   procedure P1;
      begin
         while true do
            begin
               P(mutex); /* 臨界領域に入ろうとすることを宣言する */
               CS1;
               V(mutex); /* 臨界領域から出る */
               NCS1
            end
      end;
   procedure P2;
      begin
         while true do
            begin
               P(mutex);
               CS2;
               V(mutex);
               NCS2
            end
      end;
   begin
      mutex :=1; /* セマフォ変数の初期化 */
      cobegin
         P1; P2
      coend
   end.
```

図 3.6　セマフォによる相互排除問題の解

3.3.4 モニタ

これまで説明してきた同期基本命令は，共有資源を操作するそれぞれの手続きに明示的に指定されなければならず，それが誤りの原因となっている．この問題を解決するために，Brinch Hansen と Hoare は，**モニタ (monitor)** の概念を考案した．モニタは，共有資源とそれに対する操作 (確保・解放など)，初期化のためのコードが一体となった構造を持つ．したがって，共有資源に対する同期基本命令はそれを操作するモニタ内にのみ指定されるので，指定の誤りがそのモニタ内に局所化される．

モニタは，同時に 2 つ以上のプロセスがその中で実行状態になりえないので，相互排除を保証している．したがって，同期の条件を明示的に記述する必要はない．ただし，共有資源が利用可能でないときに，共有資源を要求したプロセスを待ち状態にするための構文が必要となる．モニタでは，これを**条件変数 (conditional variable)** と，それに対する操作である **signal** と **wait** で実現している．条件変数は，待ち状態の原因を表す．signal は，待ち状態にあるプロセスのうちの 1 つのプロセスの実行を再開させる．待ち状態のプロセスが存在しない場合は何もしない．wait は，他のプロセスが signal を呼び出すまで，この操作を呼び出したプロセスを待ち状態にする．

図 3.7 に，バッファの読み書きの同期をモニタを使用して記述した例を示す．ただし，バッファには N 個までのデータを格納可能としている．

この例では，条件変数 empty と full が使用されている．empty は，バッファが空のときにバッファからデータを取り出すことができないため，手続き get で empty.wait を指定することによってプロセスを待ち状態にするためのものである．手続き put でバッファにデータが格納されるとバッファは空でなくなるため，empty.signal によって待ち状態にあるプロセスを起動する．同様に，full は，バッファが満杯のときの制御に使用される．

モニタは，signal と wait があるためセマフォにおける P 操作と V 操作の指定に関するのと同様の問題がある．ただし，signal と wait の指定はモニタ内に限定されるため，セマフォほど深刻な問題ではない．また，モニタに関していくつかのキューを使用しなければならず，実現もかなり複雑になる．すなわち，signal が通知されるのを待つためのおのおのの条件変数に対応したキューと，モニタに入るのを待つためのキューが必要となる．さらに，これらのキューで待つプロセスの優先度の設定も考える必要がある．

```
monitor buffer;
   begin
      var no_of_data: integer;
      empty, full: condition;
      procedure get;
         begin
            if no_of_data = 0 then empty.wait;
            バッファからデータを取り出す;
            full.signal
         end;
      procedure put;
         begin
            if no_of_data >= N then full.wait;
            バッファにデータを格納する;
            empty.signal
         end;
      no_of_data = 0; /* 初期化 */
   end.
```

図 3.7 モニタによるバッファの読み書きの同期

3.4 プロセス間通信

前節で説明したビジーウェイトやセマフォなどは，メモリの一部を共有することによって同期を実現している．また，モニタは，同期のための共有変数とそれに対する操作を1つのモジュールに一体化している．これらは，**共有メモリ (shared memory)** を使用した同期手法であるといえる．プロセスがメモリを共有するのは必ずしも望ましいことではなく，また，不可能な場合がある．たとえば，あるプロセスの進行を他のプロセスから保護したい場合，共有メモリなどの大域データを使用するとそれらへの読み書きによる副作用によって，思わぬ結果を生じてしまうことがある．さらに，分散システムでは，異なるプロセッサ上で走行するプロセス間でメモリを共有することが困難であったり，効率が問題となることもある．このような理由から，共有メモリを使用せずにプロセス間の同期や通信を可能とする機構が必要となる．

プロセス間通信 (IPC: Inter-Process Communication) は，**メッセージ通信 (message communication)** とも呼ばれ，プロセス間の同期の機能を実現するとともに，プロセス間でメッセージを交換する機能も実現している．受信側プロセスは，送信側プロセスからメッセージを得るので通信が達成される．メッセージは，それが送信された後でのみ受信可能なので同期が達成される．本節では，このようなプロセス間通信の手法について説明する．

3.4.1 send と receive 基本命令

メッセージ (message) は，2つのプロセスの間で受け渡される情報の集合である．メッセージに関する基本的な操作は，send と receive である (図 3.8 参照)．

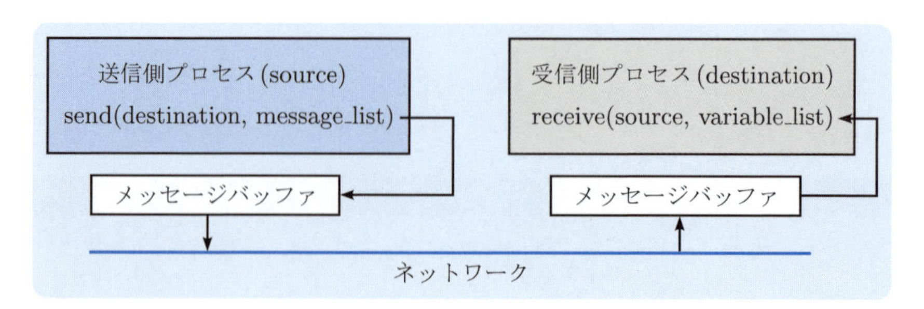

図 3.8　send と receive 基本命令

メッセージの最も一般的な形式は文字列であるが，コマンドやカウンタなどであってもよい．メッセージは

```
send(destination, message_list)
```

を実行することによって送信される．メッセージは，send が実行される時点での message_list の値である．destination は，メッセージの行き先，すなわちそれを受信する相手プロセスを表す．さらに，メッセージは

```
receive(source, variable_list)
```

を実行することによって受信される．ここで，variable_list は，変数のリストである．メッセージは，受信するとおのおのの変数に格納される．source は，メッセージが来る場所，すなわちメッセージの送り側のプロセスを表す．

メッセージ通信の基本命令の設計は，これら一般的な send と receive の形式と意味を決定することに他ならない．以下の 2 つのことが考えられる．

(1) 送信側と受信側の指定をどのように行うか．

(2) 同期通信をどのように行うか．

受信側と送信側の指定をひとまとめにして，**通信チャネル** (**communication channel**) あるいは**通信リンク** (**communication link**) と呼ぶ．本節では，通信チャネルの指定方法や送信・受信の実現方法について説明する．

3.4.2 直接指名方式

最も単純なチャネル指定方式は，プロセスの一意の名前 (あるいは識別子) を受信側と送信側のプロセスで互いに指定する方式である．これは，**直接指名** (**direct naming**) あるいは**直接通信** (**direct communication**) と呼ばれている．この方式は，1 対 1 の通信に有効である．たとえば，以下は，receiver という名前のプロセスによってのみ受信されるメッセージを送信する．

```
send(receiver, message)
```

同様に，以下は，sender という名前のプロセスによってのみ送信されるメッセージを受信する．

```
receive(sender, message)
```

直接指名方式は，実現が容易で，しかもメッセージの送受信の時期などをプロセスで直接制御可能であるという利点を持つ．一方，送受信における相手プロセスを常に知っておかなければならないので，プロセス名が変更されたとき，あるいは動的に変わる場合が問題となる．また，1 対 1 の通信にしか使用できず，1 対多や多対多の通信を実現するのは困難である．

3.4.3 同期通信と非同期通信

送信側プロセスは，メッセージを送信すると受信側プロセスがそのメッセージを受け取るまで待つか，受け取るのを待たずに直ちに自分の処理を続行するかのいずれかを選択することができる．また，受信側プロセスは，送信側プロセスからメッセージが来るまで待つか，来ていなければ直ちに自分の処理を続行するかのいずれかを選択することができる．メッセージの送受信において，メッセージの受渡しが完了するまで待つ方式を**同期通信 (synchronous communication)** という．このときの send と recieve 基本命令は，**同期式 (synchronous)** あるいは**ブロッキング型 (blocking)** send/receive という．これに対して，送受信要求がバッファにキューイングされ，送受信要求の呼出し元に直ちに制御が戻される方式を**非同期通信 (asynchronous communication)** という．このときの send と recieve 基本命令は，**非同期式 (asynchronous)** あるいは**ノンブロッキング型 (nonblocking)** send/receive という (図 3.9 参照).

同期通信においては，受信側プロセスがメッセージを受け取るまで送信側プロセスがブロックされるため，受信側プロセスが受信したメッセージは送信側プロセスの現在の状態を反映している．しかし，非同期通信ではこのことが必ずしも保証されない．したがって，非同期通信では，メッセージが受信されたか否かの確認が必要な場合は, これを送信側プロセスと受信側プロセスの間で互いに何らかの手段で伝えなければならない．1 つの方法として，メッセージの送受信の完了を割込みの形で相手側に伝える方式が考えられる．この場合は，割込みが通知されたときに実行すべき手続きをあらかじめシステムに登録しておくことが必要となる．これは，例外ハンドラやシグナルハンドラと呼ばれる一種の割込みハンドラとして実現されることが多い．別の方法として，図 3.10 のように基本命令 reply と getreply によって実現することができる．reply は，受信側プロセスから送信側プロセスに返信を返すための基本命令である．getreply

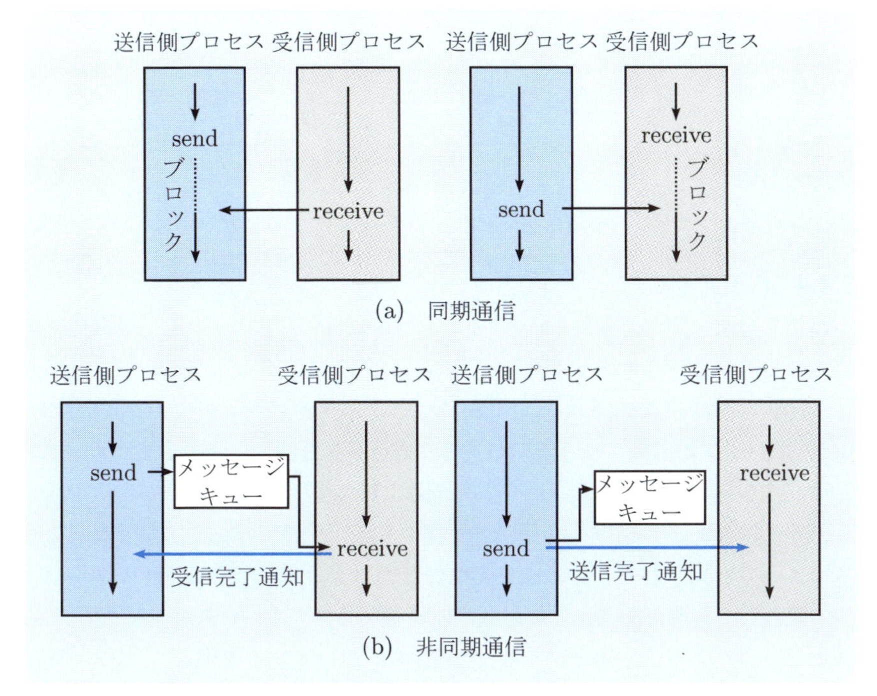

図 3.9　同期通信と非同期通信

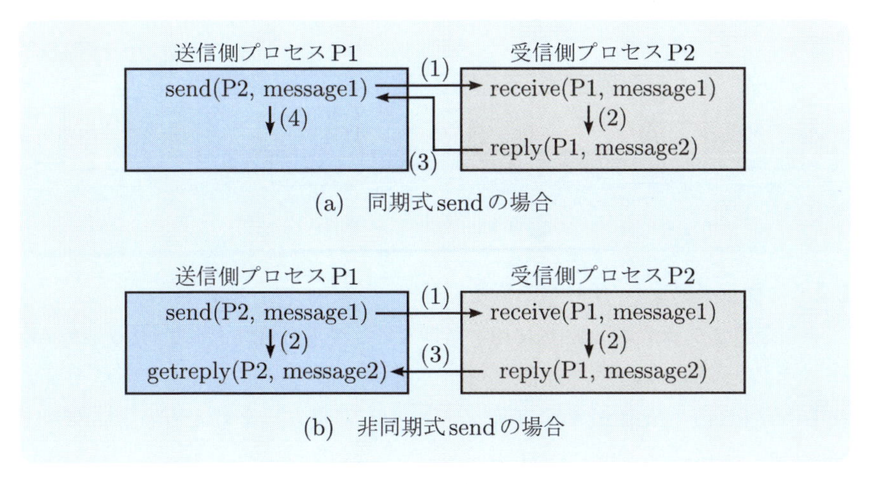

図 3.10　メッセージ受信の通知と返信

は，送信側プロセスが受信側プロセスからの返信を任意の時点で取り出すための基本命令である．

受信に関しては，同期通信が一般的である．これは，受信側プロセスがメッセージを受信することによって次の処理を行うことが多いためである．ただし，処理の並列性を引き出すためには非同期式の受信が適している．これは，受信側プロセスがメッセージが来るまでは別の処理を行うことができるためである．

3.4.4　パイプ

パイプ(**pipe**) は，同時に唯一つのあるいは限られた数のメッセージを送受信するための相互プロセスチャネルである．パイプに関する操作としては，read と write の 2 つの操作がある．read はパイプにメッセージがたまるまで待ち，write はパイプが満杯になるまでパイプに書込みを行うことができる．メッセージは，書き込まれた順に読み出される (図 3.11 参照).

パイプは，ある特定のプロセスが所有するというのではなく，複数のプロセスによって使用されるメッセージ交換のためのチャネルである．チャネルは 1 つの限られた資源であり，したがって必要なバッファスペースが少なくて済み，メッセージハンドラも簡単になる．Unix では，パイプを提供している．Unix のファイル入出力は，バイト単位のデータの読出し/書込みが基本となっており，これをプロセス間通信に適用できるようにしたものがパイプである．

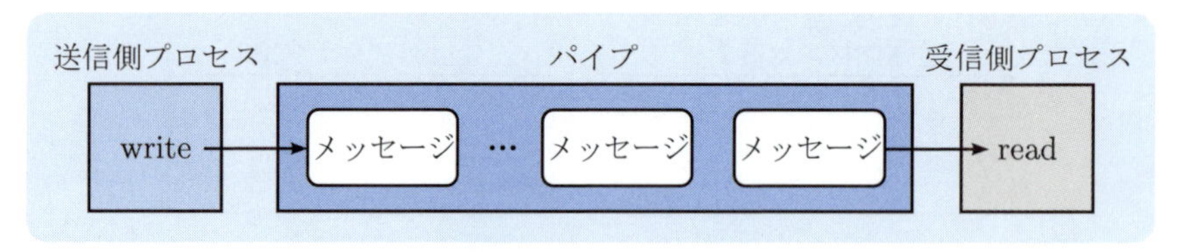

図 3.11　パイプの概念

3.4.5　クライアント/サーバモデル

要求を出す**クライアント** (**client**) プロセスと要求を処理する**サーバ** (**server**) プロセスとの間の関係で通信をモデル化する**クライアント/サーバモデル** (**client/sever model**) は，通信チャネルの実現方式を考える場合に有用である．

複数のサーバプロセスは，複数のクライアントプロセスにサービスする．すなわち，クライアント/サーバモデルでは，多対多の通信が可能である．クライアントプロセスは，メッセージをサーバプロセスの 1 つに送信することによってサービスを要求することができる．サーバプロセスは，クライアントプロセスからのサービス要求を繰り返し受信し，要求されたサービスを実行する (図 3.12 参照).

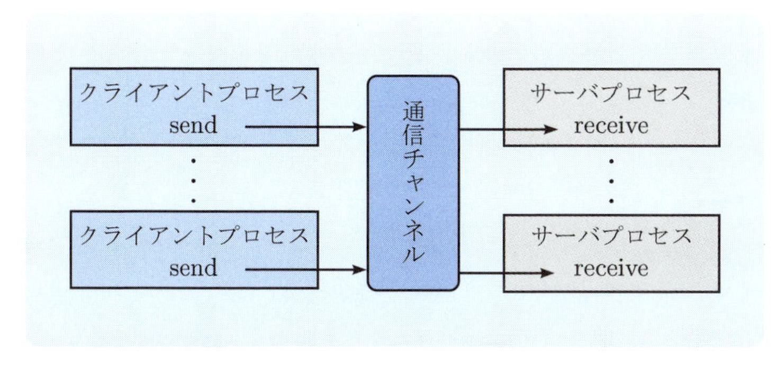

図 3.12　クライアント/サーバモデル

クライアント/サーバモデルでは，おのおののクライアントの要求に合わせて同じようなプログラムを作成する必要がなく，1 つの機能に対応してサーバを作成すればよい．効率が問題となる場合は，同じコードを持った複数のサーバプロセスを生成するだけで解決することができる．さらに，クライアント/サーバモデルでは，プロセス間の通信形態が統一されており，通信を効率化することによって，それが直ちにシステムの効率化につながるという利点を持つ．

サーバの実現法としては，いくつかの方法が考えられる．最も簡単な方法は，図 3.13(a) のようにサーバを 1 つのプロセスで実現するというものである．この方法では，要求されたサービスを処理するための時間が長くなると，他の要求に対する応答性が問題となる．しかし，実現が容易であり，クライアントからの要求がそれほど頻繁に発生しないときは十分に機能する．

サーバの応答性が問題となる場合は，図 3.13(b) のように，クライアントからサーバに要求が到着するたびに子プロセスを生成し，要求された処理をその子プロセスに任せる方法が考えられる．あるいは，あらかじめ複数の子プロセスを生成しておき，要求が到着したときに，空いている子プロセスに処理を依頼することが考えられる．この方法では，要求された処理を子プロセスに任せながら，サーバは次の要求を受け付けることが可能となる．子プロセスの処理が終了した場合は，子プロセスから直接クライアントへ結果を返し，子プロセスは自ら消滅したり，空きとなったことをサーバへ通知することができる．

クライアント/サーバモデルを直接指名方式で実現することは容易ではない．クライアントは，サーバプロセスの名前を指定した send によって要求をサーバへ伝えることができる．しかし，サーバプロセスにおける receive は，任意のクライアントプロセスからのメッセージの受信を可能としなければならないからである．

```
process server;
    begin
        while true do
            begin
                receive(any_client, message);

                                    /* 任意のクライアントの要求を受信する. */

                do_processing /* クライアントの要求を処理する. */
            end
    end.
```

(a)　単一プロセスによる実現

```
process server;
    begin
        while true do
            begin
                receive(any_client, message);

                                    /* 任意のクライアントの要求を受信する. */

                create_process(any_client, message)

                                    /* 子プロセスへ処理を依頼する.  */

            end
    end.
```

(b)　子プロセス生成による実現

図 3.13　サーバの実現法

3.4.6　メールボックス

直接指名方式よりも洗練された通信チャネルの定義法として，**メールボックス (mailbox)** と呼ばれる大域名の使用に基づいた方法がある．図 3.14 に示すように，メールボックスは，任意のプロセスの send における受信側名として使用することができる．また，任意のプロセスの receive における送信側名としても使用することができる．したがって，特定のメールボックスへ送信されるメッセージは，そのメールボックスを指定している receive を実行するプロセスによって受信可能となる．

この方法は，特に，クライアント/サーバの相互作用のプログラミングに適している．クライアントは，単一のメールボックスへサービス要求を送信する．サーバは，そのメールボックスからサービス要求を受信して処理する．メールボックスの実現は，ブロードキャストやマルチキャストなどの特別の通信ネットワークがサポートされていない場合は高価となる．メッセージが送信されるとき，受信側のメールボックスで receive が行われうるすべてのサイトへそのメッセージを中継しなければならないからである．さらに，メッセージを受信した後は，そのメッセージがもはや有効ではないことをそれらすべてのサイトへ通知しなければならない．

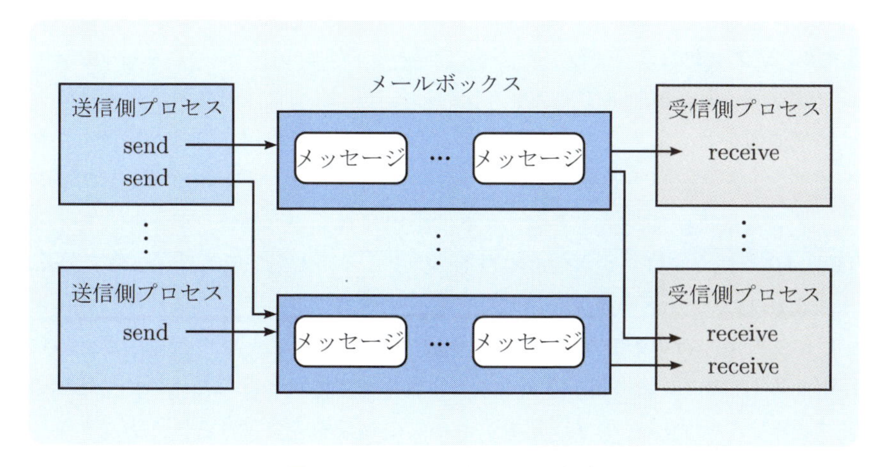

図 3.14　メールボックスの概念

3.4.7 ポート

おのおののプロセスが高々1つのメールボックスしか持たないようにすることによって，メールボックスにおける通信の問題を解決することができる．そのようなメールボックスは，**ポート (port)** と呼ばれる (図3.15参照)．ポートは，あるポートを指定するすべてのreceiveが同一のプロセス内で生じるので実現が容易である．さらに，ポートは複数クライアント/単一サーバの場合の直接的な解を与えている．しかし，複数クライアント/複数サーバの場合は，ポートを使用しても容易には実現できない．

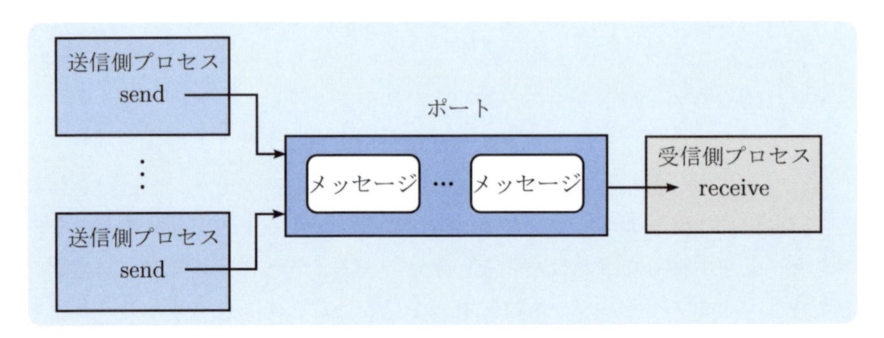

図 3.15 ポートの概念

3.4.8 ソケット

ソケット (socket) はプログラムにおける通信端点で，両端のソケットのペア間で通信を行うことができる．仕組みとしてはメールボックスと同等で，クライアント/ サーバ方式に基づいている．ソケットは，多くのオペレーティングシステムによって，インターネットで用いられている通信プロトコルであるTCP/IPを使うプログラムのためのインタフェースとして広く採用されている．

図3.16はソケットの概要を示している．サーバプログラムでは最初にsocketを用いて待ち受け用のソケットWを生成する．さらにbindでは待ち受け時に使用するIPアドレスとポート番号を，listenでは待ち受けのための待ち行列の長さを指定し，acceptでクライアントからの接続を受け付ける．一方，クライアントプログラムは，socketを用いて接続用のソケットSを生成し，connectで接続先IPアドレスやポート番号を指定して接続を試みる．接続完了後は，サーバプログラムはacceptから渡された新しいソケットCを用いて，クライアントプログラムはソケットSを用いて，read/writeを用いてデータの授受ができる．

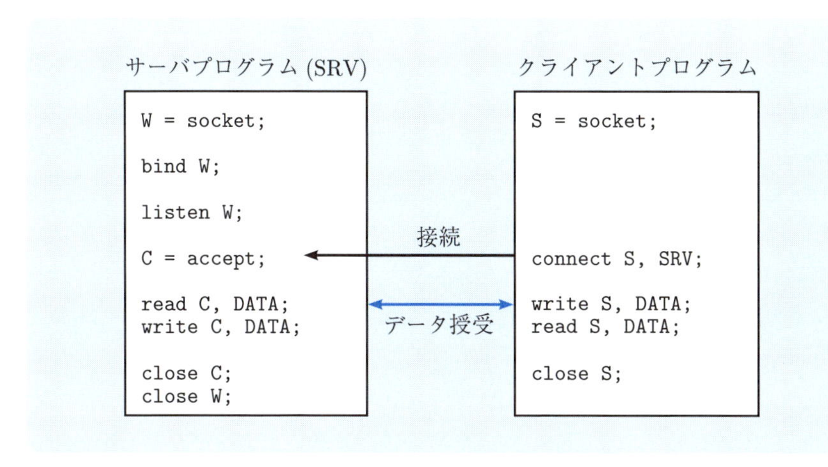

図 3.16　ソケットの概要

3.4.9　遠隔手続き呼出し

クライアント/サーバモデルにおいて，クライアントがサーバに要求を出し，サーバが応答を返すのを待つという操作を，通常の手続き呼出しと同じように実現する機構を**遠隔手続き呼出し (RPC: Remote Procedure Call)** という．遠隔手続き呼出しでは，引数を指定して別のプロセスの手続きを呼び出し，その終了を待って結果を受け取る．呼び出す手続きはネットワークで接続された別の計算機システム上のプロセスの手続きであってもよい．

手続きに渡す引数は，一般に変数などの値そのものを渡す**値呼び (call by value)** の引数に限られる．アドレスなどを渡す**参照呼び (call by reference)** の引数は渡すことができない．これは，呼び出す手続きが他のプロセスにあり，アドレス空間が異なるためである．したがって，呼出し元の手続きが存在するプロセスと共有しているアドレス空間上に呼び出される手続きが存在すれば，参照呼びの引数であっても渡すことができる．

図 3.17 に遠隔手続き呼出しの処理の流れを示す．遠隔手続き呼出しでは，他の計算機システム上のプロセスの手続きを呼び出すため，手続き呼出しをメッセージ通信に置き換える必要がある．このために，**スタブジェネレータ (stub generator)** や**インタフェースコンパイラ (interface compiler)** と呼ばれるソフトウェアを使用する．スタブジェネレータは，遠隔手続き呼出しを**スタブ**

(**stub**) と呼ばれる手続きの呼出しに変換する．さらに，スタブそのものを生成する．スタブは，図 3.17 に示すように呼び出す側のプログラムと呼び出される側のプログラムに取り込まれる (リンクされる)．これらは，それぞれ**クライアントスタブ**と**サーバスタブ**と呼ばれる．クライアントスタブは，手続き名や引数をメッセージに組み立ててサーバスタブに送信する．サーバスタブでは，クライアントスタブから送られてきたメッセージを受信し，手続き名と引数に分解して実際の手続き呼出しを行う．手続きの実行結果は，サーバスタブからクライアントスタブに同様の方法で送信され，クライアントスタブから実際の呼出し元手続きに返される．手続き名や引数，あるいは結果のメッセージへの組立ては**パック** (**pack**) あるいは**整列化** (**marshalling**) と呼ばれる．その逆，すなわちメッセージから実際の引数や結果への分解は，**アンパック** (**unpack**) あるいは**非整列化** (**unmarshalling**) と呼ばれる．

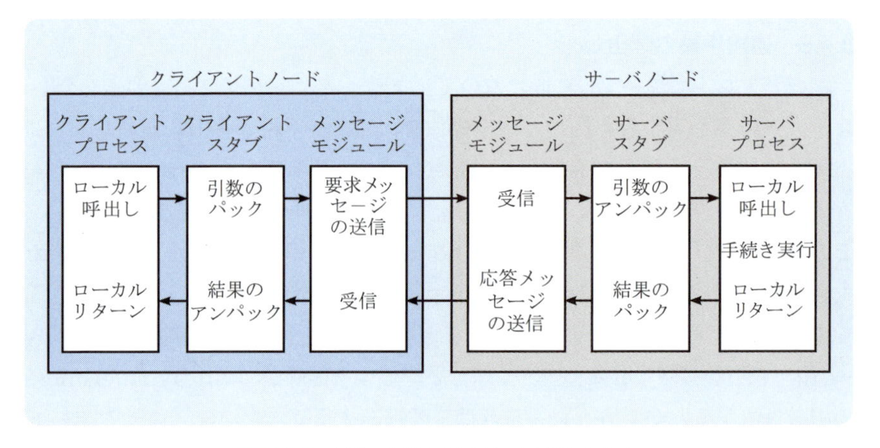

図 3.17 遠隔手続き呼出しの処理の流れ

3.5 デッドロック

マルチプログラミングシステムでは，あるプロセスが複数の資源を要求した場合，それらの資源がすべて同時には使用可能でない場合がありうる．そのときは，プロセスは待ち状態に入る．このような場合，待っているプロセスが決してその状態を変えずに，永久に待ち状態となってしまう可能性がある．この状況は，あるプロセスが要求した資源が他の待ち状態にあるプロセスに割り付けられている場合に発生しうる．この状況は，決して起こらない特定の事象を待っていることからデッドロック (deadlock)，あるいは**死の抱擁 (deadly embrace)** と呼ばれている．本節では，このデッドロックの問題について説明する．

3.5.1 デッドロックの例

デッドロックの簡単な例を図 3.18 に示す．図 3.18 の**資源割付けグラフ (resource allocation graph)** は，プロセスを四角で，資源を丸で表している．資源からプロセスへの矢印は，資源がそのプロセスに割り付けられていることを表している．プロセスから資源への矢印は，プロセスがその資源を要求しているが，まだその資源が割り付けられていないことを表している．プロセス P1 は，資源 R2 を保持しており，処理を続行するためには資源 R1 が必要である．プロセス P2 は，資源 R1 を保持しており，処理を続行するためには資源 R2 が必要である．おのおののプロセスは，他のプロセスが資源を解放するのを待っている．この**循環待ち (circular wait)** は，デッドロックの性質である．

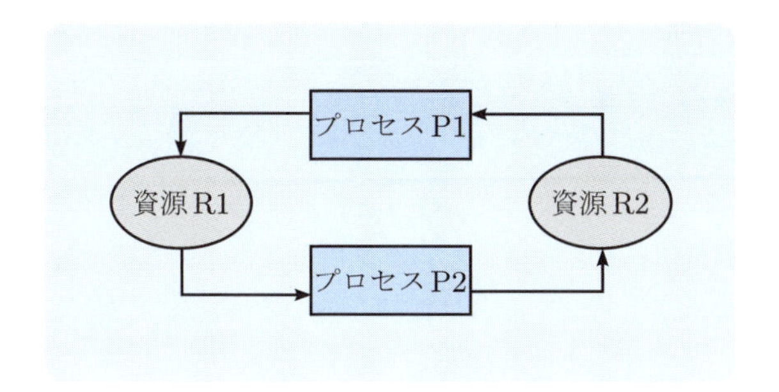

図 3.18　資源割付けグラフにおける循環待ち

3.5.2　デッドロック発生の必要条件

Coffmanらは，デッドロックが発生するための条件を整理した．それは，以下の4つの必要条件からなる．

(1)　相互排除条件 (mutual exclusion condition)

プロセスは，必要とする資源の相互排除を要求する．

(2)　待ち条件 (wait for condition)

プロセスは，さらに必要とする資源を待っている間，すでに自分に割り付けられた資源を保持している．

(3)　横取り不可能条件 (no preemption condition)

資源は，使い終わるまで，それらを保持しているプロセスから取り上げられない．

(4)　循環待ち条件 (circular wait condition)

図3.18に示すように，あるプロセスによって要求される資源を各プロセスが保持しているプロセスの循環待ちが存在する．

3.5.3　デッドロックの防止

デッドロックの問題を解決するアプローチの1つに，**デッドロックの防止 (deadlock prevention)** がある．Havenderは，上記の4つの必要条件のいずれかが成立しなければ，デッドロックが発生しないことを示した．

(1)の相互排除条件に関しては，任意の資源について成立しないようにすることは不可能である．すなわち，共有可能な資源に関しては相互排除は行わなくてもよいが，逐次的資源に関しては相互排除は必ず必要となる．したがって，Havenderは，残りの3つの条件について，それぞれ以下の方法によって成立しないようにすることができることを示している．

待ち条件　おのおののプロセスは，必要とするすべての資源を同時に要求しなければならない．そして，すべてが許可されるまでは先へ進むことはできない．

横取り不可能条件　資源を保持しているプロセスがさらに資源を要求することができない場合は，当該プロセスは保持している資源を解放し，必要ならば再びそれらすべてを要求しなければならない．

循環待ち条件　すべてのプロセスに，資源の型の線型順序を付ける．すなわち，あるプロセスに特定の型の資源が割り付けられた場合，以降そのプロセスは割り付けられた型の後の順序の資源しか要求できない．

3.5.4 デッドロックの回避

デッドロックが発生する条件があらかじめ分かっていれば，システムが決してデッドロック状態に陥らないことを保証するアルゴリズムを実現することができる．このアルゴリズムは，**デッドロックの回避 (deadlock avoidance)** アプローチとして位置付けられる．最も有名なアルゴリズムは，Dijkstra と Habermann によるものであり，銀行家のアルゴリズムとして知られている．

銀行家のアルゴリズムは，資源の割付け状態を動的に調べることによって循環待ち条件が成立しないことを保証するものである．資源の割付け状態は，以下の 3 つによって定義される．

- 空きの資源の数
- プロセスに割り付けられている資源の数
- プロセスの残りの資源の必要数

システムは，ある順序で各プロセスに資源を割り付けることが可能なとき，かつデッドロックを回避可能なとき安全である (**safe**) という．さらに，**安全な系列 (safe sequence)** が存在するときにのみシステムは安全な状態にあるという．安全な系列が存在しないとき，システムの状態は安全でない (**unsafe**) という．プロセスの系列 $\{P_1, P_2, \ldots, P_n\}$ は，各 P_i の要求する資源が，

$$\text{空きの資源} + \text{すべての } P_j (j < i) \text{ によって保持されている資源}$$

によって満足されるならば安全な系列である．この場合，プロセス P_i が要求する資源が空いていなければ，すべての P_j が終了するまで待つことになる．要求した資源を得て P_i が終了したとき，P_{i+1} は必要な資源を得ることができる．

銀行家のアルゴリズムを見て行こう．n をシステム内のプロセス数とし，m を資源の型の数とする．さらに，以下の変数を定義する．

- $F = (F_j), 1 \leq j \leq m$
  空きの資源の数を表す．$F_j = k$ ならば，型 r_j の k 個の資源が空いていることを表す．
- $U = (U_{ij}), 1 \leq i \leq n, 1 \leq j \leq m$
  プロセスに割り付けられている資源の数を表す．$U_{ij} = k$ ならば，プロセス P_i には型 r_j の k 個の資源が割り付けられている．

- $R = (R_{ij}),\ 1 \le i \le n, 1 \le j \le m$
  プロセスの残りの資源の必要数を表す．$R_{ij} = k$ ならば，プロセス P_i はさらに型 r_j の k 個の資源が必要となる．
- $N = (N_{ij}),\ 1 \le i \le n, 1 \le j \le m$
  プロセスが各時点で要求する資源の数を表す．$N_{ij} = k$ ならば，プロセス P_i は型 r_j の k 個の資源を要求している．

銀行家のアルゴリズムは以下のようになる．

(1) $N_{ij} > R_{ij}$ なる $j(1 \le j \le m)$ が存在するとき，プロセス P_i は宣言した最大要求数よりも多い資源を要求したことになるのでエラーとなる．

(2) $N_{ij} > F_j$ なる $j(1 \le j \le m)$ が存在するとき，プロセス P_i は待たなければならない．

(3) 状態を以下のように変更してプロセス P_i に資源を割り付けることが可能か否かを判断する．

$$F_j := F_j - N_{ij}; \quad U_{ij} := U_{ij} + N_{ij}; \quad R_{ij} := R_{ij} - N_{ij};$$

変更された状態が安全ならば，プロセス P_i に資源が割り付けられる．しかし，安全でなければ元の資源割付け状態に戻される．システムが安全な状態にいるか否かを調べるアルゴリズムは以下のようになる．ここでは，作業領域 W=(W_j) と S=(S_i) を使用する (ただし，$1 \le j \le m, 1 \le i \le n$ である).

(4) $W_j := F_j$; $(1 \le j \le m)$, $S_i :=$ false; $(1 \le i \le n)$ とする．

(5) 以下のような i が存在しなければ，ステップ (7) へ行く．

$$S_i = \text{false}, R_{ij} \le W_j \quad (1 \le j \le m)$$

(6) $S_i :=$ true; $W_j := W_j + U_{ij}$; $(1 \le j \le m)$

(7) ステップ (5) へ行く．ただし，ステップ (5) では，これまで見つかっている i を除いて探索を行う．

(8) すべての i に関して S_i=true ならば，システムは安全な状態にある．

3.5.5 デッドロックの検出

デッドロックの検出 (**deadlock detection**) は，デッドロックが発生していることを検知し，デッドロックに関与しているプロセスおよび資源を特定する過程である．デッドロックを検出するために，資源割付けグラフが使用される．資源割付けグラフは，有向グラフによって資源の割付けと要求を表現したものである．資源割付けグラフの例を図 3.19 に示す．四角はプロセスを表し，大きな丸は資源の型を表す．さらに，小さな丸は実際の資源を表している．図 3.19 のうち，(d) はデッドロックの状態を表している．

デッドロックを検出する1つの方法は，資源割付けグラフの簡約である．簡約を行うことによって，終了可能なプロセスやデッドロックに陥っているプロセスを検出することができる．あるプロセスの資源要求が満足されるとき，グラフは当該プロセスによって**簡約可能** (**reducible**) であるという．特定のプロ

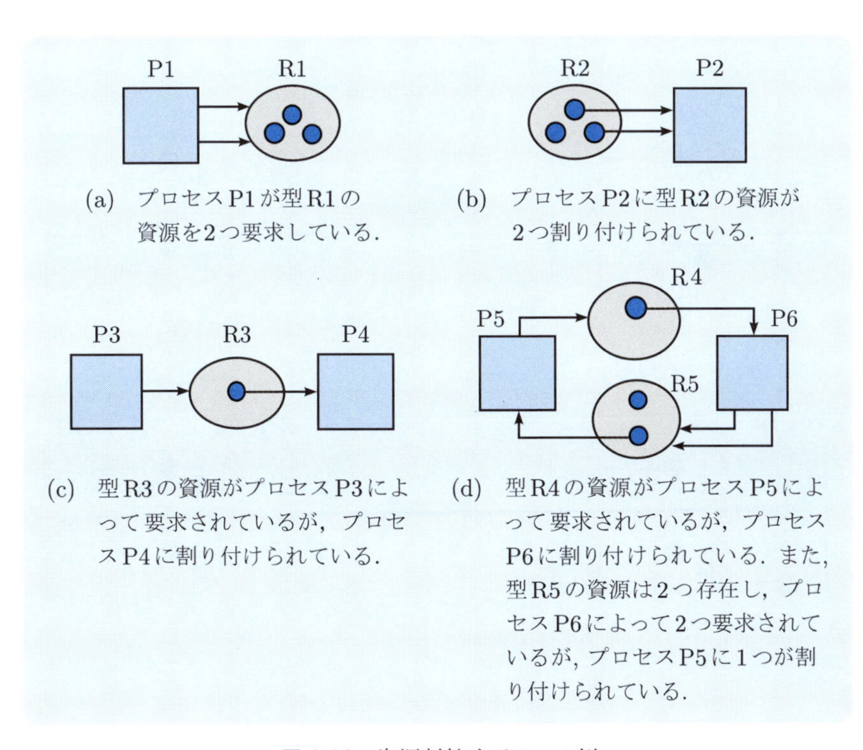

図 3.19 資源割付けグラフの例

セスによるグラフの簡約は，資源から当該プロセスへの矢印(すなわち，当該プロセスに割り付けられている資源)を削除し，当該プロセスから資源への矢印(すなわち，当該プロセスの現在の資源要求)を削除することによって表される．グラフがそのすべてのプロセスによって簡約可能ならば，デッドロックは存在しない．グラフがそのすべてのプロセスによって簡約できなければ，**簡約不可能な (irreducible)** プロセスがグラフ内でデッドロック状態のプロセスの集合を形成する．

図3.20は，特定のプロセス集合が最終的にはデッドロックとならない一連のグラフの簡約を示している．図3.20では，簡約前のグラフは，P1 → R1 → P3 → R2 → P1 のサイクルが生じている．しかし，グラフの簡約を行うことによって最終的にサイクルが解消される．したがって，デッドロックは発生しないことがわかる．図3.20では，プロセスP4から簡約を行っているが，P2から簡約を行うことも可能である．

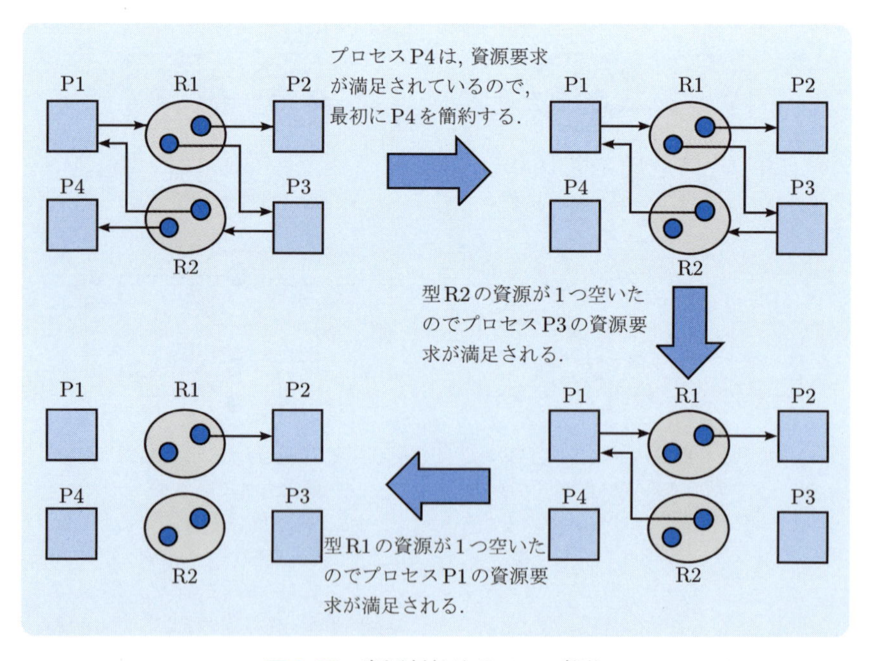

図3.20 資源割付けグラフの簡約

3.5.6 デッドロックからの回復

デッドロックの検出アルゴリズムによってデッドロックの発生が検出されると，システムは**デッドロックからの回復** (**deadlock recovery**) を行わなければならない．デッドロックからの回復は，通常，循環待ちを解除することによって行われるが，その解除には以下のいずれかの方法がある．

(1) デッドロック状態にあるプロセスの1つを消滅 (異常終了) させる．

(2) デッドロック状態にあるプロセスの1つを元の状態に戻し，すなわち**後退復帰** (**rollback**) し，しばらくしてそのプロセスは再び必要とする資源を要求する．

消滅あるいは後退復帰されたプロセスがすでに行っていた仕事は失われるが，残りのプロセスは完了することが可能である．残りのプロセスを完了可能とするために十分な資源が確保されるまで，複数のプロセスを消滅あるいは後退復帰させることが必要となる場合もある．

後退復帰においては，完全に元の状態に戻す方法と，部分的に元に戻す方法が考えられる．部分的な後退復帰は，プロセスの中断と再開を使用して実現することができる．多くのシステムでは，**チェックポイントリスタート** (**checkpoint restart**) 機能を使用して，中断と再開を実現している．チェックポイントにおいて，その時点でのシステム状態が退避され，プロセスが中断される．その後，リスタートによって退避された情報が回復されてプロセスの仕事が再開される．この機能を使用すると，最終のチェックポイントが取られてからの仕事しか失われないことになる．

演習問題

□ **3.1 （プロセスの型）** 並行プロセスと逐次プロセスについて説明せよ．

□ **3.2 （並行プロセスの指定方法）** 並行プロセスの指定の方法にはどのようなものがあるか挙げ，おのおのについて説明せよ．

□ **3.3 （プロセスの同期）** 以下のプロセスの同期に関する用語について説明せよ．

(1) 同期基本命令

(2) 不可分な操作

(3) 相互排除

(4) 臨界領域

□ **3.4 （セマフォとモニタ）** セマフォの長所と短所について説明せよ．また，モニタとは何か，そして何を目的としているか説明せよ．

□ **3.5 （プロセス間通信）** プロセス間通信の方法としてどのようなものがあるか挙げよ．また，それらの効率や実現時の問題についても述べよ．

□ **3.6 （同期通信と非同期通信）** 同期式 send/receive と非同期式 send/receive について説明せよ．また，それらの方式が効率良く働く場面を挙げよ．

□ **3.7 （クライアント/サーバモデル）** クライアント/サーバモデルにおけるサーバの実現法について説明せよ．

□ **3.8 （遠隔手続き呼出し）** 遠隔手続き呼出しを実現するには，どのようなものが必要となるか説明せよ．また，遠隔手続き呼出しの処理の流れについても説明せよ．

□ **3.9 （デッドロック）** デッドロックが発生する4つの必要条件を挙げよ．また，デッドロックの防止，回避，検出の各アプローチの長所および短所について述べよ．

□ **3.10 （銀行家のアルゴリズム）** 5個のプロセス P1, P2, P3, P4, P5 と3個の資源の型 A, B, C を持つシステムを考える．資源 A が10個，資源 B が5個，資源 C が7個存在し，以下のような状態になっていると仮定する．このときの安全な系列を求めよ．

プロセス	保持している資源の数			必要な資源の最大数		
	A	B	C	A	B	C
P1	0	1	0	7	5	3
P2	2	0	0	3	2	2
P3	3	0	2	9	0	2
P4	2	1	1	2	2	2
P5	0	0	2	4	3	3

第4章

実記憶の管理

プログラムやデータは，ディスクなどの２次記憶に格納される．したがって，プログラムを実行したり，データを参照したりする場合は，それらを２次記憶から主記憶上の領域に読み出さなければならない．特に，マルチプログラミングシステムでは，複数のプログラムを同時に主記憶上に保持し，それらの間で主記憶を共有しなければならない．記憶管理は，複数のプログラム間での主記憶の共有を管理するために，主記憶上の領域割付けを行う．記憶管理技法としては，単一のプログラムにすべての主記憶を割り付けて使用するものや，仮想記憶を実現するためのページングやセグメンテーションなど，多様なものがある．本章では，実記憶を管理するための技法について説明する．

4.1 記憶階層

計算機システムにどれだけの容量の主記憶を実装するかは，システムの性能に関する重要な問題である．小さな容量の主記憶しか実装されていなければ，プログラムの実行中に頻繁に2次記憶にアクセスすることになってしまう．すべてのプログラムを主記憶に置くことができるように大容量の主記憶を実装することが理想であるが，その場合は費用の問題が発生する．記憶管理の目標は，経済的な制約の範囲内で，システムの性能を低下させることなく，予想されるユーザの仕事を処理するのに十分な主記憶の容量を保証することである．このために，図4.1に示すような**記憶階層** (**storage hierarchy**) が考え出された．記憶階層は，キャッシュ記憶，主記憶，2次記憶からなる．階層の上の方には高価で高速な記憶装置が使用される．階層の下の方へ行くほど，ビット当たりの費用は少なくなるが，アクセス時間が増加する．

初期の計算機システムでは，記憶の階層は，主記憶と2次記憶の2階層であった．後に，この階層に**キャッシュ** (**cache**) 記憶と呼ばれる主記憶よりも高速にアクセスすることができる記憶装置を付加することによって，計算機システムの性能が向上することが明らかになった．キャッシュ記憶は，主記憶よりも高価であるため，かなり小さな容量のものが使用される．しかし，小さな容量のものでも十分に効果を発揮することが経験的に知られている．これは，多くのプログラムが**参照の局所性** (**locality of reference**) と呼ばれる特性を持つからである (5章参照)．主記憶がアクセスされると，アクセスされたアドレスの内容とその近くのアドレスの内容がキャッシュ記憶にコピーされる．後に，これらと同じアドレスに対してアクセスが行われると，低速の主記憶を参照することなく，直接このキャッシュ記憶から読み出すことが可能となり，結果としてシステムの性能が向上する．

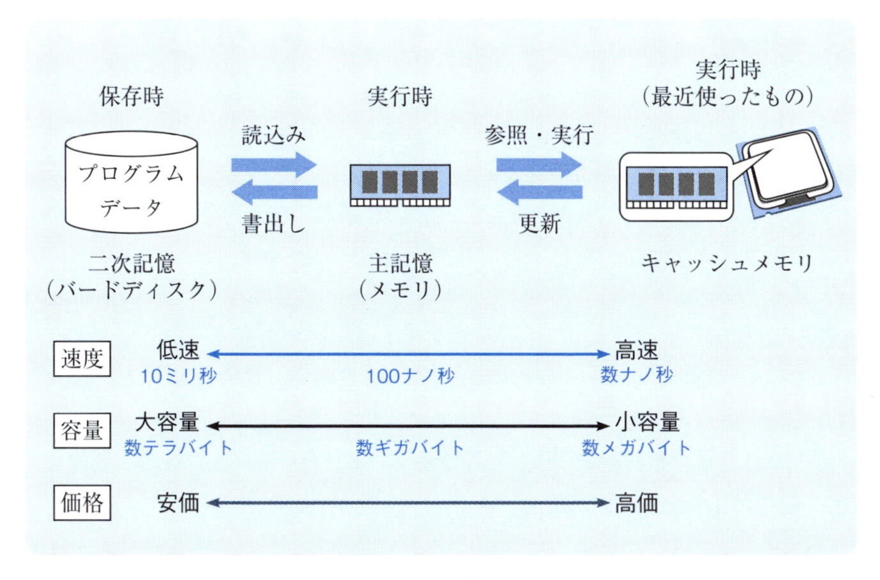

図 4.1 記憶階層

コラム 記憶階層

近年のプロセッサはそれぞれの装置の中でさらに複数階層を持つ物もあり，記憶の階層化が進んでいる．例えば2次記憶では，内部を大容量で低速なハードディスクと小容量で高速なキャッシュメモリを組み合わせて構成しているものもある．また，プロセッサのキャッシュメモリでは，数十キロバイト程度の1次キャッシュ，数百キロバイト程度の2次キャッシュ，数メガバイト程度の3次キャッシュを有するプロセッサもある．また，命令キャッシュとデータキャッシュが分離されているものもある．ただし，通常はソフトウェアがこれらの階層を意識する必要はない．よって，今なお2次記憶と主記憶におけるデータの管理技法，およびそれらの間での転送に関する技法が重要となる． ○

4.2 記憶管理技法の概要

主記憶の管理技法は，以下の 3 つからなる．

(1) フェッチ (fetch) 技法

プログラムあるいはデータを主記憶上にいつ読み出すかに関するものである．よく使用される方法は，実行中のプログラムによって参照されたときにプログラムあるいはデータを主記憶へ転送する方法であり，**要求時フェッチ (demand fetch)** と呼ばれている．実行中のプログラムが次にどの部分を参照するかを一般に予想できないために，この方法が使用されている．これに対して，参照されたときではなく，参照前にあらかじめ読み出しておく方法が考えられる．これは，**プリフェッチ (prefetch)** と呼ばれている．

(2) 割付け (placement) 技法

読み出したプログラムあるいはデータを主記憶上のどこの領域に置くかに関するものである．

(3) 置換え (replacement) 技法

新しいプログラムのための空き領域を作るために，すでに主記憶上に存在しているプログラムあるいはデータのどの部分を 2 次記憶に追い出すかに関するものである．

フェッチ技法および置換え技法は，特に仮想記憶の管理において重要となる．これらに関しては 5 章で詳しく説明する．ここでは，実記憶の管理において重要となる割付け技法に関して説明する．主記憶の割付け技法は，図 4.2 のように分類される．

割付け技法は，まず，プログラムやデータを主記憶の連続した領域に置く場合と，それらを分割して非連続な領域に置く場合の 2 つに分けることができる．前者は**連続割付け (contiguous allocation)** と呼ばれ，後者は**非連続割付け (noncontiguous allocation)** と呼ばれる．非連続割付けは，ページングやセグメンテーションなどの仮想記憶の管理技法で主に使用される．

最も簡単な連続割付け技法は，主記憶を 2 つの領域に分けて，1 つをオペレーティングシステム用の領域とし，もう 1 つをユーザ用の領域とする方法である．これは，単一のユーザにのみ主記憶を割り付けることから，**単一連続割付け**と呼ばれる．これに対して，主記憶をいくつかの**区画**(**partition**) と呼ばれる単位に分割して，ユーザごとに主記憶を割り付ける技法がある．これは，**分割割付け**と呼ばれる．分割割付けにおける区画の大きさは一定である必要はない．区画をあらかじめ静的に定義しておく場合を**固定区画割付け**と呼び，動的に大きさを変更する場合を**可変区画割付け**と呼ぶ．

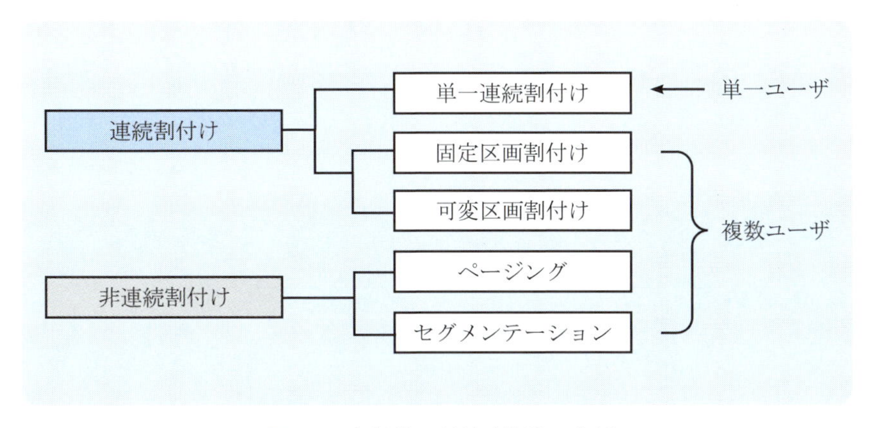

図 4.2　主記憶の割付け技法の分類

4.3 単一連続割付け

単一連続割付けでは，図 4.3 に示すように，主記憶がオペレーティングシステムの領域とユーザの領域の 2 つに分けて管理される．オペレーティングシステムは，主記憶の下位アドレスあるいは高位アドレスのどちらかに置かれる．ここでは，図 4.3 に示すように 0 番地から始まる下位アドレスにあるとしておく．本節では，単一連続割付けにおけるユーザ領域の管理技法として，再配置，スワッピング，オーバレイなどについて説明する．

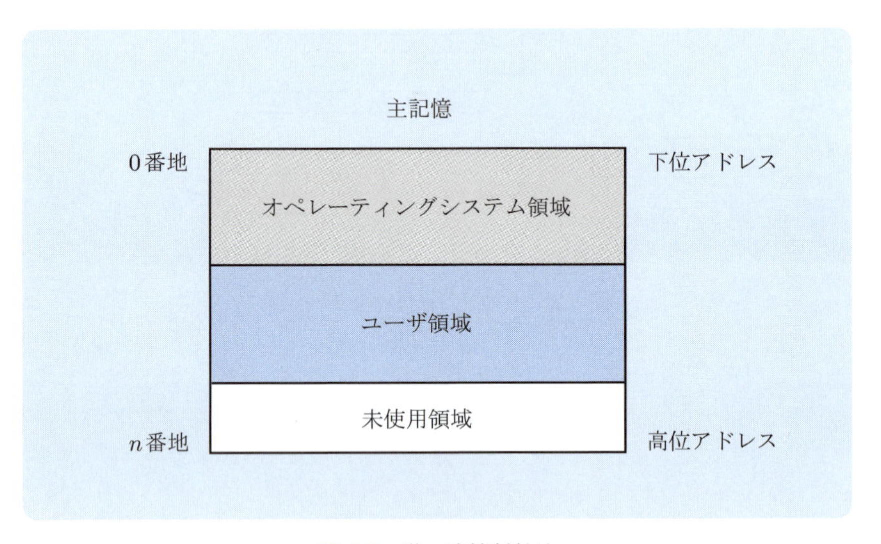

図 4.3　単一連続割付け

4.3.1　再配置

オブジェクトプログラム [*1] には，**絶対番地 (absolute address)** 形式のものと**相対番地 (relative address)** 形式のものがある．絶対番地形式のオブジェクトプログラムは，主記憶上のアドレスが固定されており，実行時には必ずそのアドレスにロードしなければならない．これに対して，相対番地形式のオブジェクトプログラムは，自身の先頭を 0 番地としてそこからのオフセットとし

[*1] コンパイラによって出力された機械語プログラムのこと．複数のオブジェクトプログラムを個別に生成した後に，連結して大規模なプログラムを作ることもできる．

てアドレスが生成される．したがって，他のオブジェクトプログラムとの結合時あるいは実行時に別のアドレスを起点とするようにアドレスを再計算することによって，主記憶上の任意の位置で実行することが可能である．このようなプログラムを**再配置可能** (**relocatable**) プログラムという．また，この場合のアドレスの再計算を**再配置** (**relocation**) という．

相対番地形式のプログラムの再配置を主記憶にロードするときに行う方法を**静的再配置** (**static relocation**) と呼び，実行時に再配置を実現する方法を**動的再配置** (**dynamic relocation**) と呼ぶ．静的再配置では，オペレーティングシステムとユーザ領域の境界アドレスが変更されると，プログラムを再ロードしなければならない．動的再配置では，プログラムを再ロードする必要はない．しかし，実行時に再配置を行うため，**再配置レジスタ** (**relocation register**) と呼ばれる特別のハードウェアが必要になる (図 4.4 参照)．動的再配置においては，ユーザプログラムは実際の物理アドレスには関与せず，0 からプログラムサイズ p の範囲にある論理アドレスを扱う．論理アドレスから物理アドレスへの変換は，ハードウェアのアドレス変換機構が自動的に行う．物理アドレスは，境界値を α とすると，$\alpha + 0$ から $\alpha + p$ の範囲のアドレスとなる．

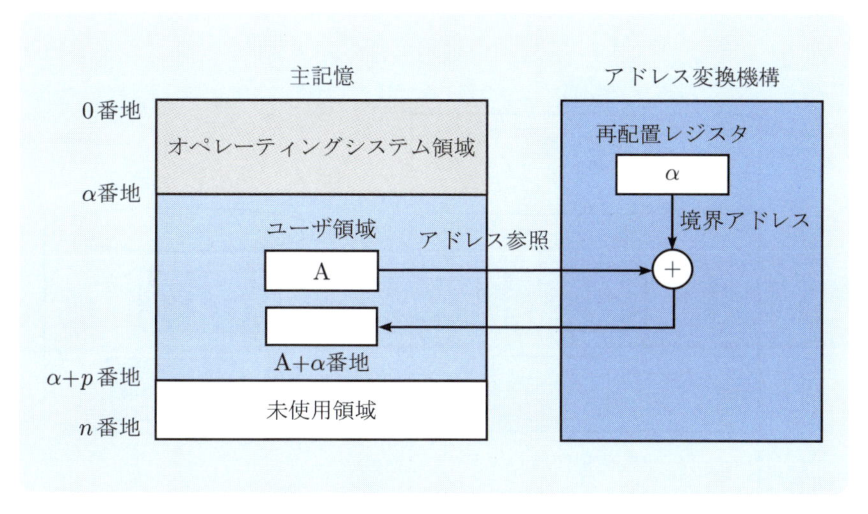

図 4.4 動的再配置

4.3.2　スワッピング

主記憶上のプログラムがなんらかの原因で待ち状態になったとき，そのままCPUをアイドル状態にしておくことはCPUの利用率を低下させることになる．したがって，そのプログラムの現在の状態を2次記憶に退避し，別のプログラムを主記憶上にロードして実行することが考えられる．これは，**スワッピング** (**swapping**) と呼ばれている (図4.5参照)．2次記憶への書込みは**スワップアウト** (**swap out**)，2次記憶からの読出しは**スワップイン** (**swap in**) と呼ばれる．さらに，スワッピングを行う際に使用される2次記憶は，**バッキングストア** (**backing store**) と呼ばれる．バッキングストアは，すべてのプログラムの現在の状態，すなわちプログラムの実行時点の主記憶の内容を格納するために十分な容量を持ち，それらへの直接アクセスが可能でなければならない．

スワッピングは，プロセスのコンテキストの切替えを2次記憶を使用して行っていると考えることができる．この場合，プロセスの実行可能キューに相当する2次記憶上に存在するプロセスのキューが作成される．さらに，どのプロセスが主記憶上に存在しているかの情報も必要となる．CPUスケジューラは，実行すべきプロセスを選択しディスパッチャを呼び出す．ディスパッチャは，その

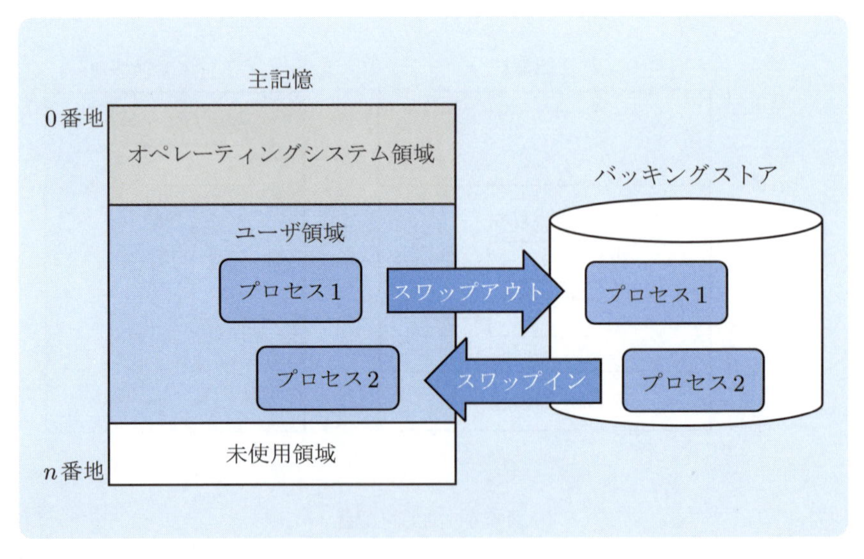

図4.5　スワッピング

プロセスが主記憶上に存在するか否かを調べる．プロセスが主記憶上に存在しないときは，主記憶上のプロセスをスワップアウトし，当該プロセスをスワップインする．その後，レジスタを回復し制御を当該プロセスに移行する．

4.3.3 オーバレイ

スワッピングでは，プログラム全体を主記憶にロードしなければならない．すなわち，プログラムのサイズは主記憶のサイズよりも小さくなければならない．しかし，プログラムは，複数の手続きや関数などから構成されており，多くの場合，同時にはそれら全体が必要ではないといえる．したがって，主記憶上にプログラムの一部分のみを置いて実行することが考えられる．この考え方は，現在では仮想記憶に取り入れられているが，もとは**オーバレイ (overlay)** と呼ばれる手法として実現されたものである．オーバレイの考え方は，その時点で必要なプログラムの一部のみを主記憶上に保持することにある．プログラムの他の部分が必要になったときは，必要とされなくなった部分の領域上にそれらがロードされる．オーバレイによって，ユーザは，主記憶の容量を気にせずにプログラムを作成することが可能となる．

例として，図 4.6 に示す M1 から M6 の 6 つのモジュールからなるプログラムの実行を考えよう．モジュール M1 はメインプログラムであり，他のモジュールから共通に使用される手続きやデータが定義されている．各モジュールのサイズは，図 4.6 に示しているとおりである．

6 つのモジュールすべてをロードするためには，150K [*2] の主記憶が必要となる．当然のことながら，主記憶がそれよりも小さいときは，このプログラムを実行することはできない．しかし，これらのモジュールは同時に主記憶上に存在する必要はない．以下のように，3 つのグループに分けることができる．

(1)　M1, M2, M3
(2)　M1, M4, M5
(3)　M1, M6

これらの 3 つのグループのオーバレイを行うと，(2) の場合が最も大きな主記憶を必要とするので，同時に必要な主記憶のサイズは 70K となる．したがって，

[*2] バイトやワードなど主記憶サイズの単位を特に限定していないので，150KB などとせずにこのように記述する．

150K ではなく 70K の主記憶があればこのプログラムを実行することが可能となる．

このようなプログラムのオーバレイ構造は，ユーザが決定しなければならない．したがって，モジュールの呼出し関係が複雑な場合や，主記憶のサイズが変更された場合などは，ユーザにとって大きな負担となる．

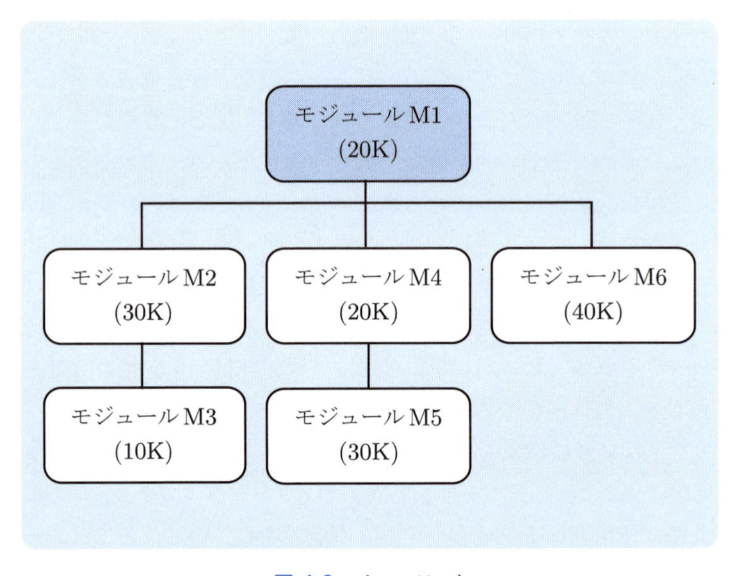

図 4.6 オーバレイ

4.4 固定区画割付け

固定区画割付けでは，区画の大きさはあらかじめシステムによって決められており，途中で変更することはできない．ジョブ[*3]は，システムに到着するとジョブキューにつながれる．ジョブスケジューラは，ジョブキューからジョブを取り出し，そのジョブが必要とする主記憶の大きさと空き区画の大きさを比較する．そのジョブを実行するのに十分な大きさの空き区画があれば，当該ジョブをその空き区画にロードし CPU を割り付ける．十分な大きさの空き区画がなければ，他の実行中のジョブが終了して空き区画ができるまで待つ．ジョブが終了したときは，そのジョブが使用していた区画が解放される．そして，ジョブスケジューラは再びジョブキューから別のジョブを選択する．以下では，固定区画割付けを実現する方法について説明する．

4.4.1 絶対アドレス指定による固定区画割付け

ジョブに対して区画を割り付けるための 1 つの方法は，各ジョブが必要とする主記憶の容量よりも大きくて，その容量が一番近い区画を選択することである．この方法では，主記憶上の各区画ごとにジョブキューが設定される．図 4.7 に示すように，この方法では各キューを独立してスケジュールすることが可能である．さらに，各キューごとに主記憶の区画を割り付けるので，キュー間での主記憶の競合は生じない．

この方法は，絶対番地形式のオブジェクトプログラムしか生成できない初期のシステムで使用されたものであり，各キュー内のジョブは絶対番地形式のオブジェクトプログラムである．すなわち，ロードされる主記憶アドレスが固定されている．この方法は，さらに，相対番地形式，すなわち再配置可能なジョブにも適用することができる．しかし，再配置可能であっても，その大きさによってジョブをロードする区画があらかじめ決められてしまう．したがって，ジョブをロードして実行することが可能な十分大きな空き区画が存在しても，その空き区画を利用することができないという問題が生じる．

[*3] 本章では，これ以降，ジョブ，プロセス，プログラムを同じ意味で用いる．区画割付けが考え出された当時は，計算機システムの処理の単位をジョブと呼んでいた．

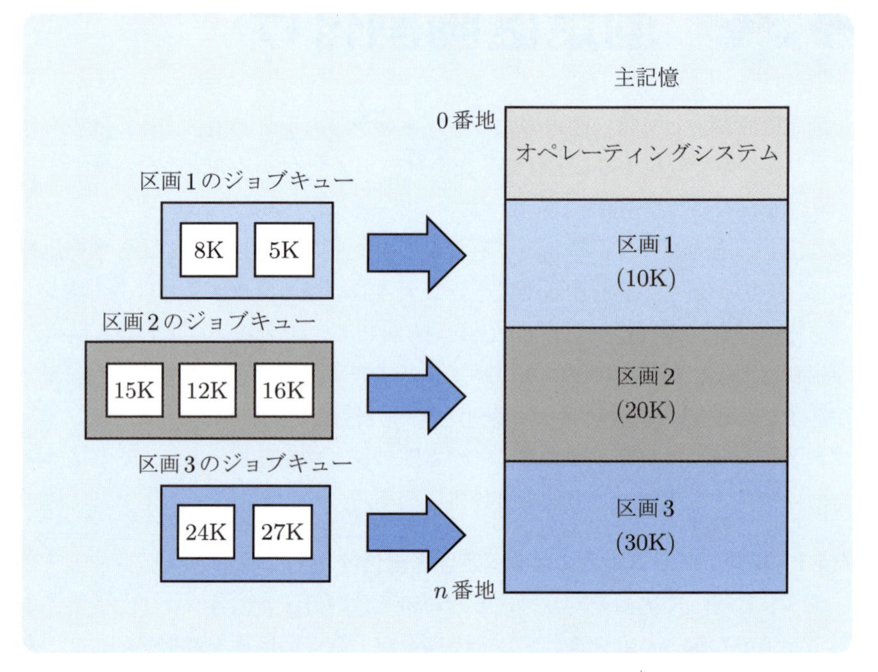

図 4.7 絶対アドレス指定による固定区画割付けの例

4.4.2 相対アドレス指定による固定区画割付け

絶対アドレス指定による固定区画割付けにおける問題を解決するために，すべてのジョブに1つのキューを割り付ける方法が考えられる(図 4.8 参照)．当然のことながら，この方法では各ジョブは再配置可能でなければならない．この方法においても，ジョブスケジューラが次に実行すべきジョブを選択しそのジョブに区画を割り付けることになる．この場合，CPU のスケジューリングアルゴリズムや再配置の方法の組合せで種々の方法が考えられる．

(1) 静的再配置と FCFS スケジューリングによる方法

CPU のスケジューリングアルゴリズムとして FCFS を用いた場合，区画の選び方として以下の2つの方式が考えられる．

方式 1: 必要とする大きさ以上の空き区画の中で最小の区画を選択する．
方式 2: 必要とする大きさ以上の区画の中で最小の区画を選択する．

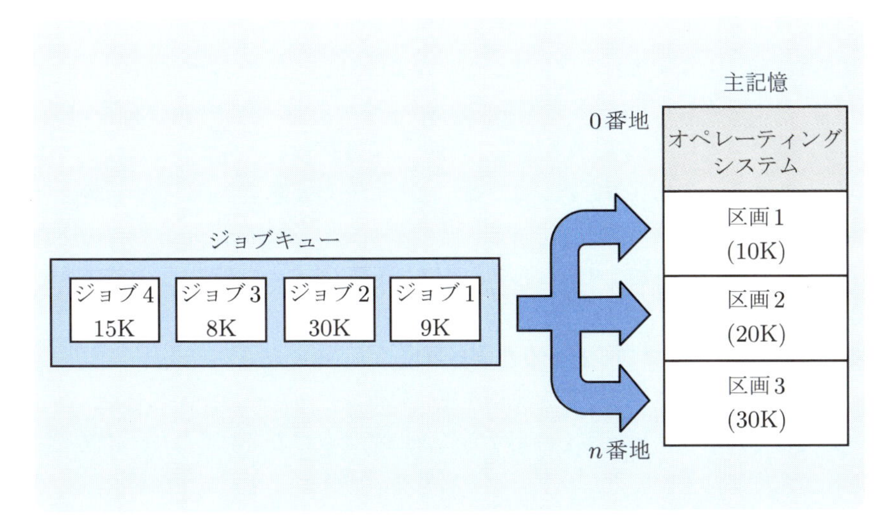

図 4.8　相対アドレス指定による固定区画割付けの例

図4.8の例に方式1および方式2を適用してみる．まず，両方式ともにジョブ1には区画1が，ジョブ2には区画3が割り付けられる．しかし，8Kを必要とするジョブ3に関しては両方式は異なってくる．方式1では，20Kの空き区画2があるのでジョブ3は区画2に割り付けられる．しかし，方式2ではジョブ3はそのサイズが最も近い区画1に割り付けなければならないので，ジョブ1が終了するまで待たなければならない．この場合，ジョブ4が区画2で実行可能であるにもかかわらず，ジョブ3に区画が割り付けられるまで待たなければならない(この例の場合，方式1が方式2よりも優れていることが分かるが，その逆の例も簡単に作成できる)．このように，区画が未使用であるにもかかわらず，使用不可能となっている状況は，**外部断片化 (external fragmentation)** と呼ばれる．これに対して，各区画でジョブが実行されている場合に各区画内で未使用領域が存在する状況は，**内部断片化 (internal fragmentation)** と呼ばれる．これらの断片化は，ともに固定区画割付けにおける主記憶の利用率を低下させる原因となっている．

この問題を解決するための方法として，FCFSキュー内のジョブの実行順序を変えることが考えられる．空き区画ができると，ジョブキューをたどりその区画にロード可能なジョブを見つける．たとえば，図4.8に方式2を適用した例では，ジョブ3をスキップしてジョブ4に区画2が割り付けられる．このように，先に到着した(すなわち優先度の高い)ジョブがジョブキューで待っていても，後で到着した(すなわち優先度の低い)空き区画に適合するジョブをスケジュールする．先に到着したジョブは，もともと大き過ぎてその空き区画を使用することができないジョブである．したがって，後で到着したジョブを空き区画にロードして開始させたとしても，FCFS順(すなわち優先度)を無視することにはならない．

(2) 静的再配置とスワッピングによる方法

FCFS順も含めてジョブの優先度を正確に反映するための方法として，固定区画割付けにスワッピングを併用することが考えられる．すなわち，各区画ごとに優先度に基づいてスワッピングを行う方式である．ジョブが到着すると当該区画で実行中のジョブの優先度がそれよりも低ければスワップアウトされる．高い優先度を持つジョブが終了すると，スワップアウトされたジョブが再びロードされる．この方法は，各区画でラウンドロビンスケジューリングを行う場合にも使用することができる．すなわち，実行中のジョブのタイムスライスが満了すると，そのジョブがスワップアウトされる．次のタイムスライスが割り付けられると，再びスワップインされる．

(3) 動的再配置とスワッピングによる方法

以上の方法では，スワップアウトされたジョブは同一の区画にスワップインされる．これは，静的再配置が使用されているためであり，動的再配置を使用することによってジョブを異なる区画へスワップインすることが可能となる．

4.5 可変区画割付け

固定区画割付けでは，内部および外部断片化を最小とする区画数と区画サイズの決定は難しい問題である．実行すべきジョブが動的に変化する環境においては，この問題はさらに難しくなる．この問題を解決する1つの方法は，区画サイズを動的に変更する**可変区画割付け**を使用することである．

可変区画割付けを行うためには，空きの主記憶領域と使用中の主記憶領域のリストを保持する必要がある．システムの起動時には，ユーザ領域全体が1つの空き領域として登録される．ジョブが到着すると，それをロードするために十分な大きさの空き領域を探す．空き領域が見つかると，必要なだけ割り付けて残りは他のジョブのために空き領域に返却する．

例として，次のような状況を考える．ユーザ領域を全体で500Kとし，各ジョブの大きさをおのおの以下のように仮定する．さらに，FCFSスケジューリングを仮定し，ジョブ1からジョブ5まで順にシステムに到着しているとする(図4.9参照).

ジョブ1: 200K
ジョブ2: 100K
ジョブ3: 160K
ジョブ4: 130K
ジョブ5: 100K

この例では，ジョブ1からジョブ3に直ちに主記憶が割り付けられ，主記憶は図4.9(a)のような状態となる．この場合，40Kの外部断片化が生じている．ジョブ1が終了すると，主記憶は図4.9(b)の状態となる．この時点で，ジョブ4のために十分な空き領域ができたので，ジョブ4が主記憶に読み出され図4.9(c)の状態となる．その後，ジョブ2が終了し，ジョブ5に主記憶が割り付けられることになる．おのおの，主記憶は図4.9(d)および(e)の状態となる．

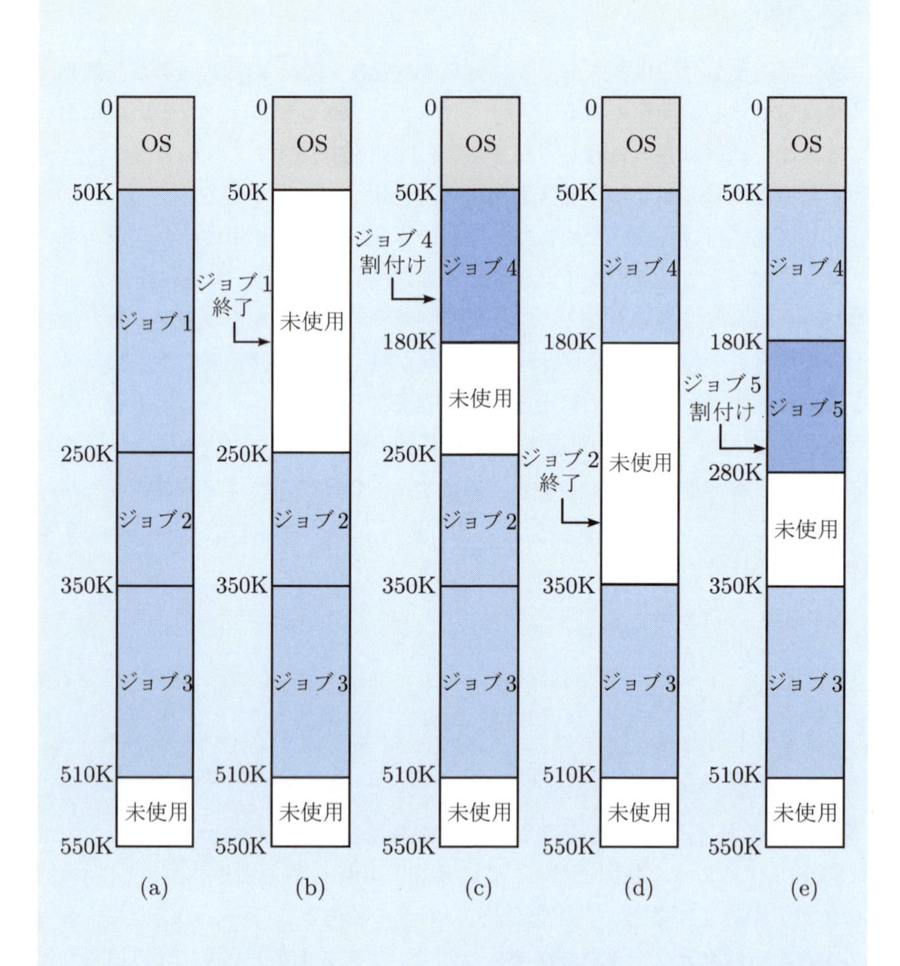

図 4.9　可変区画割付けの例

4.5.1 可変区画割付けにおけるジョブスケジューリング

可変区画割付けでは，ジョブのスケジューリングを行うために，空き領域のリストと主記憶を要求しているジョブのキューが保持される．ジョブスケジューラは，次のジョブの主記憶要求が満足されなくなるまで，すなわち，十分大きな主記憶の空き領域が存在しなくなるまで，ジョブに主記憶を割り付ける．そして，ジョブスケジューラは，十分大きな領域が空くまで待つことになる．あるいは，固定区画割付けで見たのと同様に，優先度の高いジョブの割付けをスキップして，空き領域にロード可能な優先度の低いジョブに主記憶を割り付けることも可能である．

一般に，可変区画割付けは，固定区画割付けよりも主記憶の利用率を向上させる．これは，可変区画割付けにおいては内部断片化がほとんど生じないことによる．すなわち，ジョブによって要求された大きさの区画が生成されるからである．しかし，可変区画割付けを使用しても外部断片化は依然として生じる．再び図 4.9 に戻って考えると，2 つの状況が考えられる．図 4.9 (a) においては，残りのジョブ 4 およびジョブ 5 をロードするには小さ過ぎる 40K の領域が残っている．すなわち，40K の外部断片化が生じている．また，図 4.9(c) においては，70K と 40K の合計 110K の外部断片化が生じている．この 2 つの領域は，連続している場合はジョブ 5 を実行するのに十分な大きさである．しかし，空き領域は 2 つの部分に断片化されており，そのいずれもがそれ自体ではジョブ 5 の主記憶要求を満足させるのに十分な大きさではない．

4.5.2 コンパクション

主記憶の断片化の問題を解決するために，断片化しているすべての空き領域を 1 つの大きな空き領域にまとめる方法が考えられる．このために，主記憶の区画を別の場所に移動しなければならない．これは，**コンパクション (compaction)** と呼ばれている．たとえば，図 4.9 の例にコンパクションを適用すると図 4.10 のようになる．

コンパクションを行って新しい区画でジョブを実行可能とするためには，アドレスの再配置を行わなければならない．したがって，静的再配置の場合はコンパクションは不可能である．コンパクションを行うためには，動的再配置を行わなければならない．

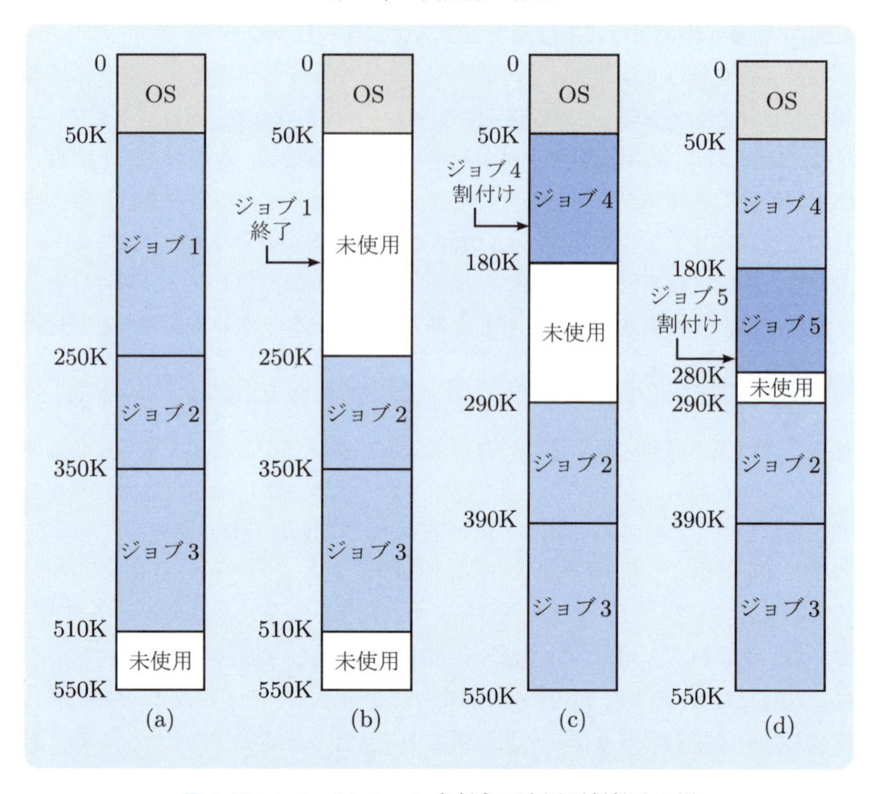

図 4.10 コンパクションを行う可変区画割付けの例

4.5.3 空き領域の割付け技法

可変区画割付けでは，主記憶に種々の大きさの空き領域が分散して存在することになる．ジョブが到着し主記憶が必要になると，当該ジョブをロードするのに十分な大きさの空き領域をその中から探し出す．空き領域が大き過ぎると，それを2つに分割する．1つは到着したジョブに割り付けられ，もう1つは空き領域の集合に返却される．ジョブが終了したとき，そのジョブが使用していた領域を解放し空き領域の集合に返却する．解放された領域が他の空き領域に隣接している場合は，それらの隣接した領域を1つの空き領域に連結する．この時点で，主記憶を待っているジョブが存在するか否かを調べる．待ち状態のジョブが存在する場合は，新たに解放され連結された領域によって，そのジョブの主記憶要求を満足させることが可能か否かを調べる．

空き領域をジョブに割り付ける方法として以下の3つが考えられる．

(1)　先頭一致 (first-fit)　空き領域の中で最初に見つかった十分な大きさの領域を割り付ける．この方法は，最も高速である．

(2)　最良一致 (best-fit)　大きさが十分である最も小さな空き領域を割り付ける．空き領域のリストが大きさの順になっていないと，リスト全体を探索しなければならない．この方法は，3つの方法のうちで最も小さな空き領域を作り出す．

(3)　最悪一致 (worst-fit)　空き領域の中で最大の空き領域を割り付ける．この方法も，空き領域のリストが大きさの順になっていないと，リスト全体を探索しなければならない．この方法は，3つの方法のうちで最も大きな空き領域を作り出すが，この空き領域は最良一致の方法で作り出される小さな空き領域よりは有用である．

図4.11に3つの割付け技法を使用した場合の例を示す．図では，12Kの領域を割り付ける場合の，おのおのの技法において選択される空き領域を矢印で示している．

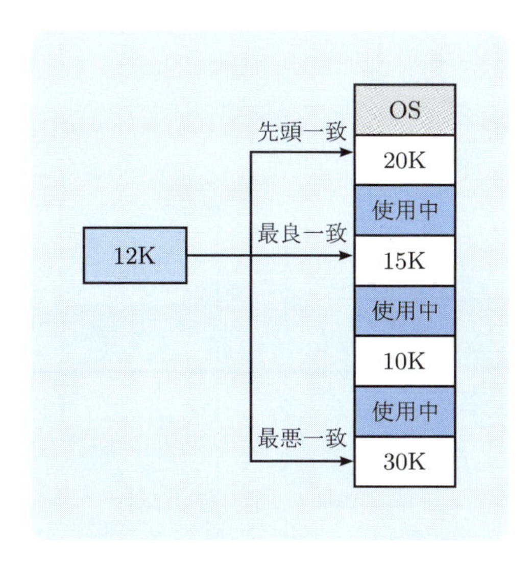

図4.11　空き領域の割付け技法の例

4.6 記憶保護

オペレーティングシステムとユーザプログラムが同時に主記憶上に置かれるとき，オペレーティングシステムの領域をユーザプログラムによる不当なアクセスから保護しなければならない．さらに，ユーザプログラム間でも，互いの領域の不当なアクセスから保護しなければならない．これらは，**記憶保護** (**memory protection**) の問題として知られている．本節では，記憶保護のための機構について説明する．

4.6.1 単一ユーザシステムにおける記憶保護

単一ユーザシステムにおける記憶保護の一般的な方法は，図 4.12 に示すように，**境界レジスタ** (**boundary register**) を使用する方法である．境界レジスタには，オペレーティングシステムの領域とユーザの領域の境界アドレスが設定される．ユーザプログラムによってアクセスされる主記憶アドレスがこの境界アドレスと比較される．アクセスされるアドレスが境界よりも大きいときは，ユーザの主記憶へのアクセスは正当であり普通に参照が行われる．しかし，そのアドレスが境界よりも小さいときは，オペレーティングシステムの領域への不当なアクセスとなりアドレスエラーを発生させる．

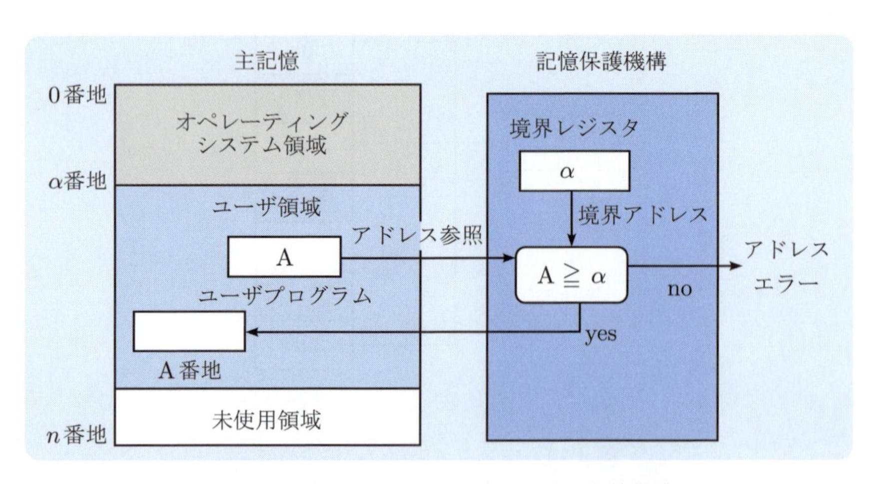

図 4.12　単一ユーザシステムにおける記憶保護

4.6.2 マルチプログラミングシステムにおける記憶保護

マルチプログラミングシステムにおける記憶保護は，単一ユーザシステムにおける境界レジスタと同様のレジスタが複数必要となる (図 4.13 参照)．すなわち，ユーザの区画の下限と上限を保持する境界レジスタが必要となる．境界レジスタとしては，以下の 2 通りが考えられる．

(1) 区画の最小アドレスと最大アドレスを保持する 2 つのレジスタ．
(2) 区画の最小アドレスと区画の大きさを保持する 2 つのレジスタ．

(1) の場合は，参照されるアドレスが下限および上限と比較されるので，プログラムがロードされるまでにアドレスを決定しておかなければならない．すなわち，静的再配置が必要となる．

(2) の場合では，参照されるアドレスは区画の大きさを保持しているレジスタと比較すればよいので動的再配置が可能である．すなわち，参照アドレスは，その区画の先頭アドレスが格納されているレジスタにその値を加えることによって動的に再配置される．

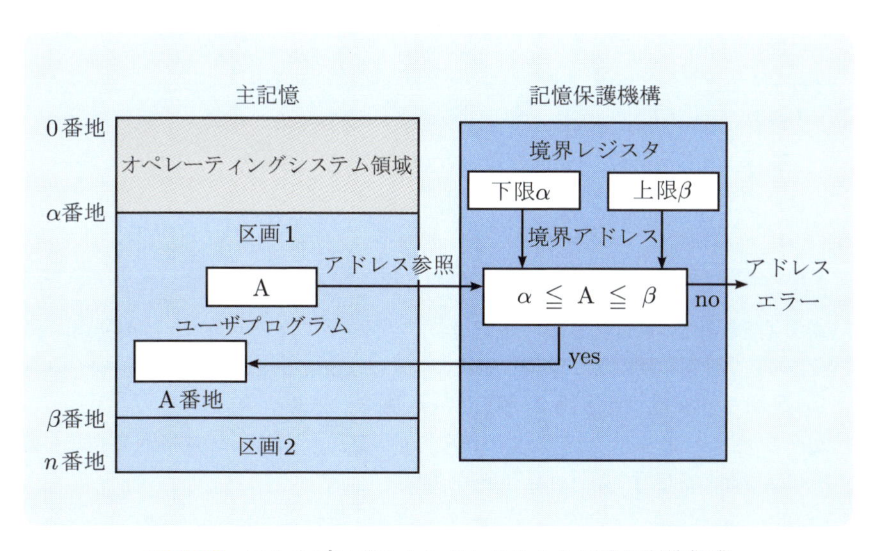

図 4.13 マルチプログラミングシステムにおける記憶保護

演習問題

□ **4.1（主記憶の管理技法）** 主記憶の管理技法であるフェッチ技法，割付け技法，置換え技法についておのおのがなぜ必要となるか説明せよ．

□ **4.2（主記憶の割付け技法）** 主記憶の割付け技法にはどのようなものがあるか説明せよ．

□ **4.3（再配置）** 静的再配置と動的再配置の相違を説明し，おのおのが適している環境を挙げよ．

□ **4.4（スワッピングとオーバレイ）** スワッピングとオーバレイのおのおのの長所および短所について説明せよ．

□ **4.5（区画割付け）** 固定区画割付けと可変区画割付けの相違について説明せよ．

□ **4.6（断片化）** 内部断片化と外部断片化について説明せよ．

□ **4.7（コンパクション）** コンパクションとは何か．そして，なぜ必要となるか説明せよ．

□ **4.8（可変区画割付け）** 可変区画割付けとFCFSスケジューリングを用いた主記憶割付けを考える．次のジョブ集合が与えられたとき，以下の問に答えよ．ただし，主記憶は500Kとする．さらに，ジョブは番号が小さい順に到着あるいは終了すると仮定する．

　ジョブ1: 100K　ジョブ2: 300K　ジョブ3: 50K
　ジョブ4: 150K　ジョブ5: 300K

(1) 主記憶の割付け状態の推移を図示せよ．
(2) 外部断片化はどの時点で起きるか．
(3) コンパクションを行った場合の断片化はどうなるか．

□ **4.9（空き領域の割付け技法）** 主記憶の空き区画が以下の状態のときの先頭一致，最良一致，最悪一致の3つの空き領域の割付け技法を考える．

　区画1: 30K　区画2: 35K　区画3: 25K

20Kと15Kの2つのジョブがこの順に到着したとき，おのおのの割付け技法を使用した場合の主記憶の割付け状態を図示せよ．

□ **4.10（記憶保護）** マルチプログラミングシステムにおける記憶保護について説明せよ．また，単一ユーザシステムにおける記憶保護との違いについても説明せよ．

第5章

仮想記憶の管理

仮想記憶は，主記憶の容量よりも大きなアドレス空間をユーザに提供する技法である．仮想記憶を実現するための代表的な技法として，ページングとセグメンテーションがある．多くのシステムではこれらを組み合わせた技法が使用されている．本章では，まず，仮想記憶に関する基本的な事項について述べ，ページングやセグメンテーションを実現するためのハードウェアおよびソフトウェアの概要について説明する．次に，仮想記憶の管理技法の中心である要求時ページング，それを実現するために必要となる各種の置換えアルゴリズム，さらにプログラムのふるまいについて説明する．

仮想記憶とは
ページング
セグメンテーション
仮想記憶の管理技法
フェッチ技法
置換え技法
割付け技法
スラッシング
局所性
ワーキングセットモデル

5.1 仮想記憶とは

仮想記憶は，主記憶の容量よりも大きなアドレス空間を実現するための技法である．仮想記憶の基本的な考え方は，実行中のプロセスが参照するアドレスを，実際に有効な主記憶のアドレスと独立させることにある．実行中のプロセスが参照するアドレスは，**仮想アドレス (virtual address)** と呼ばれる．これに対して，実際に有効な主記憶上のアドレスは，**実アドレス (real address)**，または**物理アドレス (physical address)** と呼ばれる．また，実行中のプロセスが参照可能な仮想アドレスの範囲は**仮想アドレス空間 (virtual address space)** と呼ばれ，主記憶上のアドレスの範囲は**実アドレス空間 (real address space)**，または**物理アドレス空間 (physical address space)** と呼ばれる．

5.1.1 2 階層記憶

複数のプロセスが並行に実行される環境において，各プロセスの仮想アドレス空間を実アドレス空間よりも大きくするためには，実行に必要な仮想アドレス空間の部分をそのつど主記憶上に読み出すことが考えられる．このために，プロセスの仮想空間の全体を格納しておく補助的な記憶装置が必要となる．これは，図 5.1 に示す **2 階層記憶** [*1] によって実現される．階層の上の層は主記憶

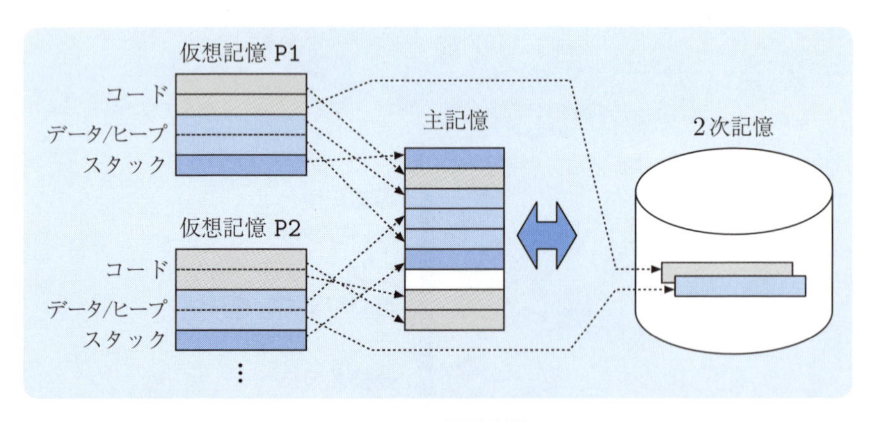

図 5.1　2 階層記憶

---

*1 一般的な記憶階層については，前章で説明している．

であり，その下の層の記憶装置としてはディスクが主に使用されている．特に，下の層の記憶装置は**2次記憶** (**secondary storage**) や**補助記憶** (**auxiliary storage**) などと呼ばれている．プロセスの進行に伴って，2次記憶に格納されている仮想空間の一部が動的に主記憶上に読み出される．

5.1.2 動的アドレス変換

仮想記憶を実現するためには，主記憶上に存在する仮想空間の一部を実アドレスへ変換しなければならない．このために，**動的アドレス変換機構** (**DAT: Dynamic Address Translation**) と呼ばれるハードウェアが使用される．この機構は，プロセスの進行に伴って，2次記憶から主記憶上に読み出されるプロセスの仮想空間の一部を実アドレスへ動的に変換する．

アドレス変換をバイトやワードを単位として行うと，そのための情報量は大きくなり，プロセスが必要とする主記憶容量を超えてしまう場合がある．このため，バイトやワードではなく，それらをブロック化してアドレス変換を行うことが考えられる．ブロックの大きさが固定のとき，それを**ページ** (**page**) という．このときの仮想記憶を実現するための方式は**ページング** (**paging**) と呼ばれる．一方，ブロックの大きさが可変のときは**セグメント** (**segment**) と呼ばれ，このときの方式は**セグメンテーション** (**segmentation**) と呼ばれる．システムによっては，個々のブロックをページとして構成し，セグメントに複数のページを割り付けるページングとセグメンテーションを組み合わせた方式を採用しているものもある．

仮想アドレスを参照するためには，そのアドレスを含むブロックの番号 b と，ブロックの先頭からのオフセット d の組 (b, d) を指定すればよい．おのおののプロセスは，アドレス変換用のテーブルを持っており，これを使用してアドレス変換が行われる (図 5.2 参照)．仮想アドレス $v = (b, d)$ から実アドレス r への変換は次のように行われる．この変換は，ページングやセグメンテーションにおいて共通に使用され，ほぼ同様の方式となっている．

(1) アドレス変換テーブルのベースレジスタに，当該プロセスに対応するアドレス変換テーブルの先頭アドレス x が格納される．

(2) 変換テーブルの各エントリは，当該プロセスのブロックに対応しており，ブロック番号順になっている．したがって，テーブル内のエントリアドレスを生成するために，先頭アドレス x にブロック番号 b が加算される．

(3)　$x+b$ に対応するエントリによって，ブロック番号 b に対応するブロックの実アドレス b' を求める．

(4)　ブロックの先頭からの相対位置 d に b' が加算され，実アドレス $r=b'+d$ を得る．

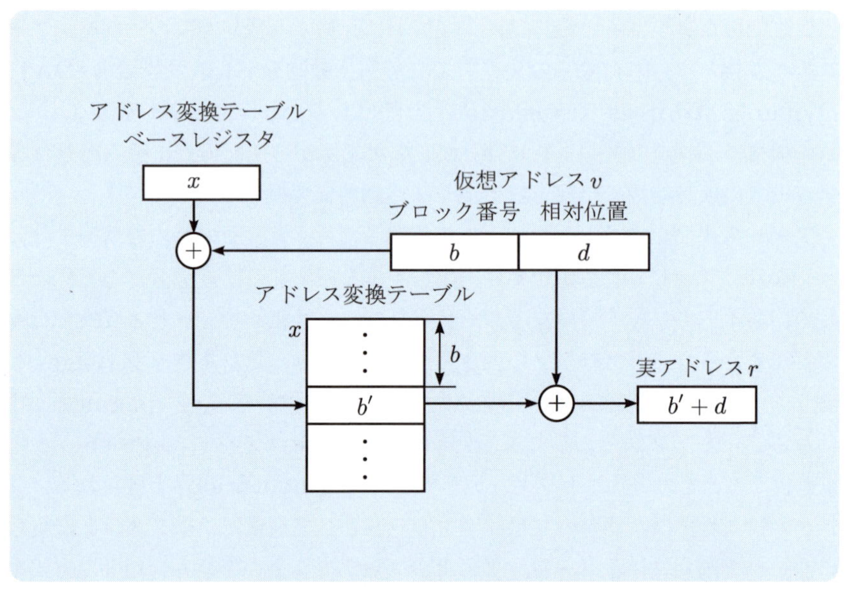

図 5.2　動的アドレス変換の流れ

5.2 ページング

ページング方式のシステムでは，主記憶は**ページ枠** (**page frame**) と呼ばれる固定長のブロックに分割される．仮想アドレス空間も同じ大きさのページに分割される．プロセスは，その進行の各時点で必要となるページが主記憶上のページ枠に存在するときに実行可能となる．ページが主記憶に存在しない場合は，**ページフォルト** (**page fault**) と呼ばれる割込みが発生し，当該ページが 2 次記憶から主記憶に転送されて主記憶上のページ枠に置かれる (図 5.3 参照)．これを**ページイン** (**page in**) という．また，主記憶上に空きページ枠がなくなったときは，空きページ枠を作るために主記憶上のページが 2 次記憶に転送される．これを**ページアウト** (**page out**) という．

ページング方式における仮想アドレス v は，ページ番号 p とページ内オフセット d の組 $v = (p, d)$ によって表される．動的アドレス変換は，以下のように行われる．

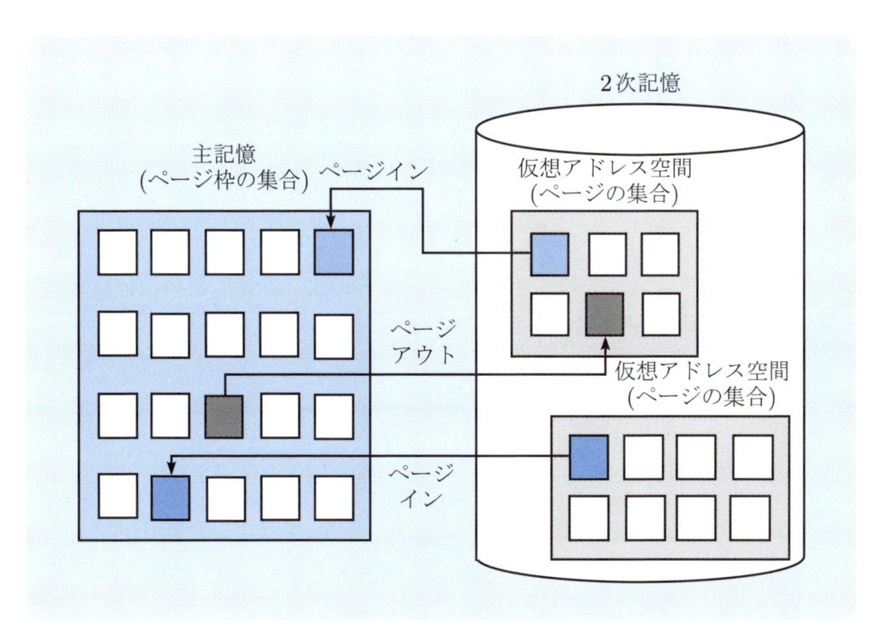

図 5.3　ページング方式

(1) 実行中のプロセスが仮想アドレス $v = (p, d)$ を参照すると，ページング機構は当該プロセスのページテーブル内のページ番号 p に対応するエントリのアドレスを得る．ページテーブルのエントリは，図 5.4 のような構成になっている．

(2) 当該エントリの有効・無効ビットがオフのときは，当該ページが主記憶上に存在しない．したがって，ページフォルトが発生し，2 次記憶アドレスによって当該ページを主記憶のページ枠の 1 つに転送し，ページ枠番号 f を設定する．さらに，有効・無効ビットをオンにする．

(3) 有効・無効ビットがオンのときは，当該ページが主記憶上に存在するので，当該エントリから直ちにページ枠番号 f が求まる．

(4) 実アドレス r は，以下で説明するように f とページ内オフセット d をつなげることによって生成される．

ページサイズは，一般には 2 のべき乗となっている．ページサイズを s とすると，v を s で割ったときの商がページ番号 p となり，そのときの余りがページ内オフセット d となる．ページサイズを 2 のべき乗にすると，仮想アドレスからページ番号とページ内オフセットへの変換が簡単になる．すなわち，1 ページを 2^n バイトとすると，仮想アドレスの下位 n ビットがページ内オフセットを表し，残りの上位ビットがページ番号を表すことになる．したがって，ページサイズが 2 のべき乗のときは除算を行う必要がない．たとえば，ページサイズを 4,096 バイト，仮想アドレス空間を 65,536 バイト (16 ページ) とすると，仮想アドレスは 16 ビットで表現される．上位 4 ビットがページ番号であり，下位 12 ビットがページ内オフセットである．この場合，仮想アドレスが 8,000 のときのビット構成は以下のようになり

　0 0 0 1　1 1 1 1 0 1 0 0 0 0 0 0

ページ番号が 1 でページ内オフセットが 3,904 であることが直ちに分かる．

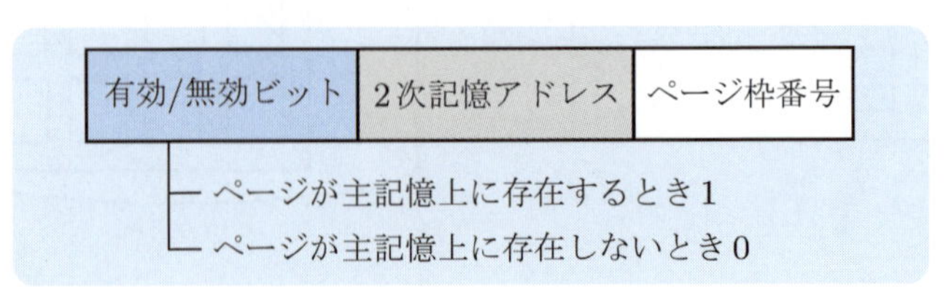

図 5.4　ページテーブルのエントリ

5.3 セグメンテーション

プログラムは，手続きや関数の集まりから構成される．さらに，テーブルや配列などの種々のデータ構造も含まれている．ユーザは，これらの要素を名前によって参照する．これらは，おのおのが意味を持つ論理的な単位であり，**セグメント (segment)** と呼ばれる．これに対して，ページは，プログラムを意味を考えずに物理的に分割したものであるといえる．セグメント内の要素は，セグメントの先頭からのオフセットによって識別される．**セグメンテーション (segmentation)** は，このような論理的な対象を単位として扱う手法である．仮想アドレス空間は，セグメントの集合であり，集合内の要素である各セグメントは名前と長さを持つ．

セグメンテーション方式のシステムでは，仮想アドレス v はセグメント番号 s とセグメント内オフセット d の組 $v = (s, d)$ によって表される．おのおののセグメントは，主記憶上の連続した領域に置かれる．すなわち，2 次記憶から転送されたセグメントは，当該セグメントを保持するのに十分な大きさの主記憶上の連続した空きブロックに置かれる．

動的アドレス変換は，次のように行われる．

(1)　実行中のプロセスが仮想アドレス $v = (s, d)$ を参照すると，セグメンテーション機構はセグメントテーブル内のセグメント番号 s に対応するエントリのアドレスを得る．セグメントテーブルのエントリは，図 5.5 のような構成になっている．

(2)　セグメントテーブルのエントリが求められると，当該セグメントが主記憶上に存在するか否かを調べるために有効・無効ビットが検査される．

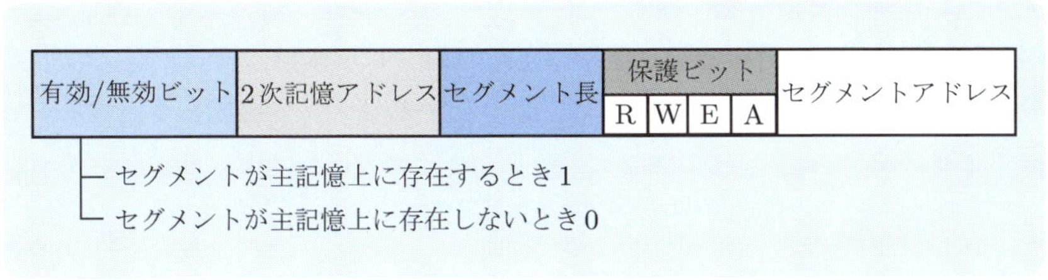

有効/無効ビット	2 次記憶アドレス	セグメント長	保護ビット				セグメントアドレス
			R	W	E	A	

有効/無効ビット：
- セグメントが主記憶上に存在するとき 1
- セグメントが主記憶上に存在しないとき 0

図 5.5　セグメントテーブルのエントリ

(3)　セグメントが主記憶上に存在する場合は，当該エントリからセグメントの先頭の主記憶アドレス s' が求まる．

(4)　セグメントが主記憶上に存在しなければ，**セグメントフォルト** (**segment fault**) が発生し，2 次記憶アドレスを使用して当該セグメントを 2 次記憶から主記憶へ転送する．

(5)　アドレス変換機構は，次に，セグメント内オフセット d がセグメントテーブルのセグメント長より小さいか否かを検査する．セグメント長以上の場合は，**セグメントオーバフローエラー** (**segment overflow error**) が発生し，当該プロセスを異常終了させる．

(6)　オフセットがセグメントの範囲内にあれば，保護ビットによってその操作の妥当性が検査される．妥当な操作である場合は，セグメントの先頭アドレス s' にオフセット d が加算され，実アドレス $r = s' + d$ が生成される．不当な操作の場合は，**セグメント保護エラー** (**segment protection error**) が発生し，当該プロセスを異常終了させる．

セグメンテーションの利点の 1 つは，詳細なアクセス制御が可能な点にある．これは，セグメントへの特定のアクセス権を各プロセスに与えることによって実現される．普通，以下のようなアクセス制御が行われている (図 5.5 参照).

(1)　参照 (**read**)　参照権限が与えられたプロセスは，そのセグメント内のすべての情報を参照することができる．必要ならば，セグメントのコピーを生成することもできる．

(2)　更新 (**write**)　更新権限が与えられたプロセスは，そのセグメントの内容を変更することができる．また，情報を追加することもできる．

(3)　実行 (**execute**)　実行権限が与えられたプロセスは，そのセグメントをプログラムとして実行することができる．ただし，データセグメントの実行は，システムによって拒否される．

(4)　追加 (**append**)　追加権限が与えられたプロセスは，そのセグメントの最後に情報を追加することができる．しかし，セグメント自体を変更することはできない．

5.4 仮想記憶の管理技法

4.2 節で実記憶の場合の記憶管理技法について説明した．これを仮想記憶，特にページングに関して言い換えてみよう．

(1) フェッチ技法　ページをいつ 2 次記憶から主記憶に転送するかに関するものである．要求時フェッチ技法は，プロセスの進行に伴って必要となった時点でページを主記憶に転送するための技法であり，**要求時ページング (demand paging)** と呼ばれている．プリフェッチ技法は，プロセスによって参照されるページを前もって決定しておく技法であり，**プリページング (prepaging)** と呼ばれている．ページ参照の確率が高く，しかも主記憶に十分な空きが存在すれば，そのページが実際に参照される前に主記憶に転送しておくことが有効となる場合がある．

(2) 割付け技法　主記憶のどの位置にページを読み出すかに関するものである．ページング方式のシステムでは，読み出したページを任意の空きページ枠に置くことが可能なので，割付けの問題は自明な問題となる．

(3) 置換え技法　主記憶がすでに満杯のとき，新しいページを読み出すための空き領域を作るためにどのページを 2 次記憶に追い出すかに関するものである．すなわち，主記憶上に空きページ枠が存在しない場合，現在使用されていないページ枠の内容を 2 次記憶上にページアウトし，ページフォルトを発生させているプロセスのページを 2 次記憶からページインする．

5.5 フェッチ技法

5.5.1　要求時ページング

要求時ページングの利点は，プロセスのスワップ時間とプロセスの実行に必要な主記憶量を減少させることにある．したがって，結果的にマルチプログラミングの多重度が増加することになる．これは，実行中のプロセスによって明示的に参照されるまでは，いかなるページも 2 次記憶から主記憶へ転送されないことによる．この技法の注目すべき点には，以下のものがある．

(1)　一般に，プログラムの実行経路を正確に予測することは不可能である．したがって，使用されるページを予測してあらかじめ主記憶に読み出しておく方法が考えられるが，これは不必要なページを読み出してしまうかもしれない．要求時ページングにおいては，この問題は生じない．すなわち，主記憶に転送されたページのみが実際にプロセスによって使用されることが保証される．

(2)　どのページを主記憶に転送するかを決定することに含まれるオーバヘッドが最小となる．プリページングは，かなりの実行時オーバヘッドを伴う．

要求時ページングにもいくつかの問題点がある．プロセスは，参照するページを 1 ページずつ主記憶上に蓄積して行く．したがって，新しいページを参照するたびに，そのページが主記憶上に転送されるまで待たなければならない．この待ち状態の間は，当該プロセスによってすでに主記憶上に読み出されているページは未使用状態と同様のこととなる．図 5.6 は，要求時ページングにおける**空間時間積 (space-time product)** を表している．これは，プロセスの主記憶使用量を評価するためにオペレーティングシステムにおいてよく使用される．空間時間積は，図 5.6 における太線の下の領域に対応しており，プロセスが使用する主記憶量と使用時間の積を表している．プロセスのページ待ちの空間時間積を小さくすることが，記憶管理技法の重要な目標となる．

次に要求時ページングの性能について考察してみよう．このために，要求時ページングにおける**実効アクセス (effective access)** 時間 E を計算する．ほとんどの計算機システムの主記憶アクセス時間 M は，数マイクロ秒の範囲にある．ページフォルトが発生しなければ E と M は等しい．しかし，ページフォルトが発生すると，2 次記憶から必要なページを読み出さなければならない．ペー

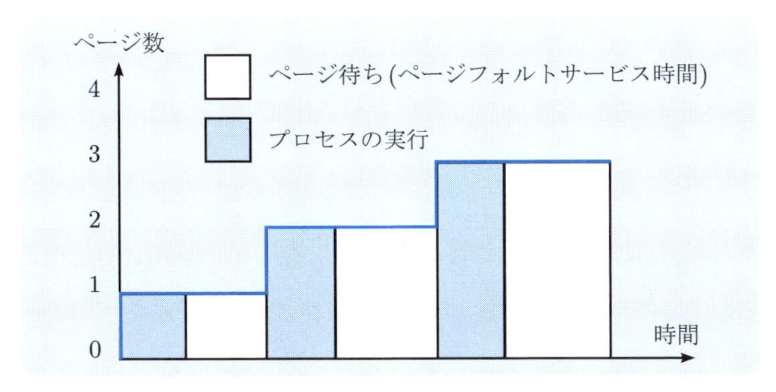

図 5.6 要求時ページングにおける空間時間積

ジフォルトの確率を $p(0 \leq p \leq 1)$ とし，ページフォルトのためのサービス時間を F とすると，実効アクセス時間は以下の式で表される．

$$E = p \times F + (1 - p) \times M$$

実効アクセス時間 E を具体的に計算するためには，ページフォルトのサービス時間 F を求めなければならない．サービス時間 F には，必要なページを主記憶上に転送する時間の他，プロセスの切替えによるレジスタの退避および回復，割込み処理，ページ参照の正当性の検査，2 次記憶上のページの位置の確定などのための種々の処理時間も含まれている．これらのすべてが常に必要とは限らないが，F の主な要素は以下のようなものである．

(1) ページインおよびページアウト時間

(2) プロセスの切替えに要する時間

(3) ページフォルト割込みのサービス時間

たとえば，M を 1 マイクロ秒，F を 10 ミリ秒 (10,000 マイクロ秒) と仮定すると，以下の式を得る．

$$E = p \times 10000 + (1 - p) \times 1 = 9999 \times p + 1$$

この式から，実効アクセス時間がページフォルト率に依存していることが分かる．ページフォルトによる性能低下を 10%に抑えたければ

$$1.1 > 9999 \times p + 1$$

$$p < 0.00001$$

としなければならない．すなわち，ページングによる性能低下を妥当なものとするためには，100,000 回のうちの 1 回の主記憶アクセスでしかページフォルトが許されないことになる．

5.5.2 プリページング

プリページングは，プロセスが必要とするページを予測し，主記憶に十分な空きページ枠が存在するときにそれらのページをあらかじめ読み出しておく方法である．要求時ページングにおいては，プログラムが開始されたときに大量のページフォルトが発生する．プリページングは，この初期ページングにおける頻繁なページフォルトを防止しようとする試みであるといえる．このために，必要となるすべてのページを一括して主記憶に転送しておくことが考え出された．予測が正しければ，プロセスの実行時間はかなり短縮される．システムは，プロセスの実行中にそのプロセスが将来必要とする新しいページを主記憶上に読み出しておく．プリページング技法には以下の利点がある．

(1) 多くの場合において正しい予測がなされるならば，プロセスの実行時間はかなり短縮される．すなわち，予測が 100%当たらなくてもそれを採用することが有効となる場合がある．

(2) 予測がかなり低いオーバヘッドで可能ならば，実行可能状態にある他のプロセスに影響を与えることなくプロセスの実行を高速化することが可能となる．

(3) 主記憶が安価になるとともに，予測が当たらない場合の影響を小さくすることが可能である．これは，余分なページを読み出しても問題とならない程度に主記憶を大きくすることができるからである．

プリページングにおける問題は，プリページングのコストが，対応するページフォルトをサービスするためのコストよりも小さくなるか否かにある．プリページングによって主記憶上に転送されたページの多くが使用されない状況も生じうる．p 個のページがプリページングされ，これらの p 個のページのうちの $\alpha\,(0 \le \alpha \le 1)$ が実際に使用されると仮定する．ここで問題となるのは，$(1-\alpha)p$ 個の不必要なページのプリページングのコストが αp 回のページフォルトのコストよりも小さくなるか否かである．α が 0 に近ければ，プリページングの方が悪くなる．α が 1 に近ければ，プリページングの方が良くなる．

5.6 置換え技法

これまでに，多くのページ置換えアルゴリズムが提案されている．置換えアルゴリズムの選択の基準の1つに，**ページフォルト率** (**page fault rate**) がある．すなわち，ページフォルト率が最小となるアルゴリズムを選択することである．このために，仮想アドレス空間の特定の参照列に関してアルゴリズムを実行しページフォルト数を計算することによってアルゴリズムが評価される．ページフォルト数を求める場合，有効なページ枠の数も同時に指定される．当然のことながら，有効なページ枠の数が増加するとページフォルト数は減少する．

仮想アドレス空間の参照列は，**参照ストリング** (**reference string**) と呼ばれる．参照ストリングは，たとえば乱数発生器によって生成したり，既存のシステムにおけるプログラムの実行をトレースして各命令が参照するアドレスを記録することによって生成することが可能である．後者は，大量のデータとなるので，一般にページ番号の系列に変換して使用されている．

以下では各種の置換えアルゴリズムを説明するが，その際，次の参照ストリングを使用することにする．ただし，特に断わらない限りページ枠の数は3であると仮定しておく．

```
0, 1, 2, 3, 0, 1, 4, 0, 1, 2, 3, 4
```

5.6.1 FIFO

最も単純な置換えアルゴリズムは，**FIFO**(**First In First Out**) ページ置換えである．FIFO では，置換えの対象として主記憶上の最も古いページが選択される．このために，主記憶上のすべてのページに関する FIFO キューが構成される．置換えが必要になるとキューの先頭のページが置き換えられる．新しいページが主記憶上に転送されると，そのページはキューの最後につながれる．

例題の参照ストリングに関して FIFO を適用した例を図 5.7 に示す．3つのページ枠は最初は空きである．最初の3回の参照，すなわちページ0，1，2の参照は，ページフォルトを発生させ，それらのページが空きページ枠に転送される．次のページ3の参照はページ0を置き換える．ページ0が1番最初に主記憶にページインされたからである．以上の過程が図 5.7 に示されているよう

ページフォルト	✓	✓	✓	✓	✓	✓	✓			✓	✓	
参照ストリング	0	1	2	3	0	1	4	0	1	2	3	4
ページ枠の内容 (FIFO キュー)	0	0	0	1	2	3	0	0	0	1	4	4
		1	1	2	3	0	1	1	1	4	2	2
			2	3	0	1	4	4	4	2	3	3

図 5.7 FIFO ページ置換え

に続けられる．図 5.7 は，FIFO キューを意識して図示してある．この例の場合，9 回のページフォルトが発生している．

ページ枠の数を変えた場合の，おのおのにおけるページフォルト数を図 5.8 に示す．図 5.8 を見るとわかるように，4 個のページ枠の場合のページフォルト数が 3 個のページ枠の場合のフォルト数よりも大きくなっている．これは，**Belady の異常** (**Belady's anomaly**) あるいは **FIFO 異常** (**FIFO anomaly**) として知られている．Belady は，置換えアルゴリズムによっては，割り付けられるページ枠の数が増加するとページフォルト数が増加する場合があることを示した．一般に，より多くの主記憶をプログラムに与えることによってその性能を

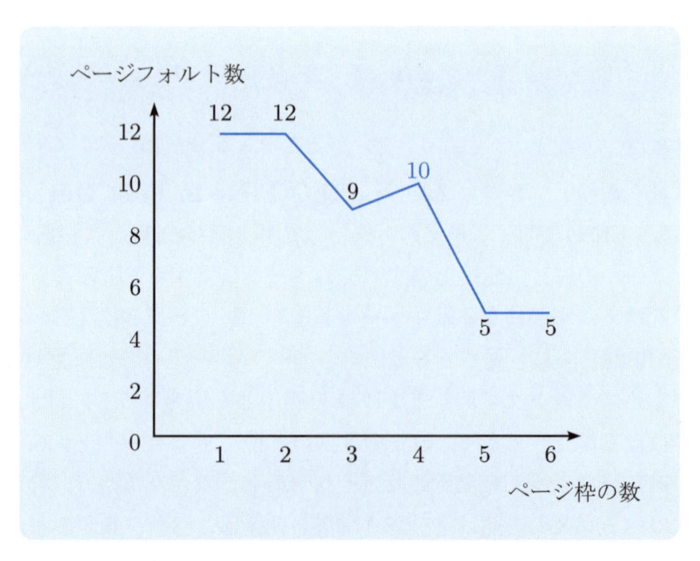

図 5.8 FIFO ページ置換えのページフォルト曲線

向上させることが期待できるが，この仮定が必ずしも正しいとは限らないことを示したのである．

Beladyの異常を起こさない置換えアルゴリズムのクラスとして，**スタックアルゴリズム (stack algorithm)** と呼ばれるクラスが存在する．スタックアルゴリズムでは，主記憶上の p 個のページ枠に置かれるページ集合が常に $p+1$ 個のページ枠に置かれるページ集合の部分集合となる．以下で述べるOPTおよびLRU置換えは，ともにBeladyの異常を発生させない．

5.6.2 OPT

OPT (optimal) ページ置換えアルゴリズムは，すべてのアルゴリズムの中で最小のページフォルト数を与える．しかも，Beladyの異常を発生させない．OPTは，**MIN** とも呼ばれており，最も長い期間使用されないページを置き換えるアルゴリズムである．

たとえば，例題の参照ストリングに関して，OPTは図5.9に示すように7回のページフォルトを発生させる．最初の3回の参照はフォルトを発生させ，3個の空きページ枠が満たされる．次のページ3への参照はページ2を置き換える．ページ2は，ページ0およびページ1よりも以降に再参照されるからである．この参照ストリングに関して，3個のページ枠で7回のフォルトよりも少ない置換えアルゴリズムは存在しない．

OPTは，最適なアルゴリズムであるが，実現が困難である．それは，上の例におけるように，参照ストリングの将来の知識を必要とするからである．このため，OPTは主に他のアルゴリズムの性能を解析するための比較用のアルゴリズムとして使用されている．

ページフォルト	✓	✓	✓	✓			✓			✓	✓	
参照ストリング	0	1	2	3	0	1	4	0	1	2	3	4
ページ枠の内容	0	1	2	3	3	3	4	4	4	4	4	4
		0	1	1	1	1	1	1	1	2	3	3
			0	0	0	0	0	0	0	0	0	0

図5.9 OPTページ置換え

5.6.3　LRU

LRU (**Least Recently Used**) ページ置換えは，置換えの対象として最も長い間使用されていないページを選択する．例題参照ストリングに LRU を適用した場合の結果を図 5.10 に示す．図 5.10 ではスタックを意識して図示してある．この例では，LRU は 10 回のフォルトを発生させる．

LRU は，将来ではなく過去を見る最適アルゴリズムであるといえる．OPT および LRU には，次のような性質がある．すなわち，OPT および LRU において，参照ストリング全体を反転し，その参照ストリングに対しておのおの OPT および LRU を適用すると，反転前のフォルト数と同じとなる (図 5.11 参照).

LRU は，実際のシステムのページ置換えアルゴリズムとして使用されることが多く非常に良い方法であると考えられている．問題は，LRU をどのように実現するかにある．LRU は，最後に参照された時刻によって置換えの対象を選択するので，何らかのハードウェアのサポートを必要とする．このために 3 つの方法が考えられる．以下，おのおのについて説明する．

(1)　カウンタ　CPU に**カウンタ**を設け，主記憶参照が行われるたびにインクリメントする．これは，主記憶参照の時間を刻むためのものである．さらに，

ページフォルト	✓	✓	✓	✓	✓	✓	✓			✓	✓	✓
参照ストリング	0	1	2	3	0	1	4	0	1	2	3	4
ページ枠の内容 (スタック)	0	1	2	3	0	1	4	0	1	2	3	4
		0	1	2	3	0	1	4	0	1	2	3
			0	1	2	3	0	1	4	0	1	2

図 5.10　LRU ページ置換え

ページフォルト	✓	✓	✓	✓	✓	✓			✓	✓	✓	✓
参照ストリング	4	3	2	1	0	4	1	0	3	2	1	0
ページ枠の内容 (スタック)	4	3	2	1	0	4	1	0	3	2	1	0
		4	3	2	1	0	4	1	0	3	2	1
			4	3	2	1	0	4	1	0	3	2

図 5.11　参照ストリングを反転した場合の LRU ページ置換え

ページテーブルの各エントリに，当該ページの参照時刻を設定するためのフィールドを追加する．ページ参照が行われたときに，カウンタの内容をこのフィールドにコピーすることによって，各ページの最後の参照時刻を保持することが可能となる．ページを置き換える場合は，最小の時刻を持つページを選択すればよい．しかし，この方法は最も古いページを見つけるためにページテーブルの検索が必要となる．さらに，カウンタのオーバフローも考慮しなければならない．

(2)　スタック　参照されたページ番号を保持するための**スタック**を使用する．ページが参照されたときは，当該ページの番号がスタックの先頭に置かれる．したがって，スタックの先頭は常に最近使用されたページとなり，スタックの底は最も古いページとなる．この方法では，スタックの途中からページ番号を削除する場合のスタック操作に若干のオーバヘッドが伴う．しかし，カウンタによる方法におけるような置換えのための検索は必要としない．

(3)　参照ビット　ページングのためのカウンタやスタックなどのハードウェアがサポートされていないシステムでは，**参照ビット (reference bit)** を使用している．この場合は，LRU の近似となる．参照ビットは，ページテーブル内の各エントリに対応して構成されたり，ページ枠に対応して 1 つのビットを持つ独立のレジスタとして実現されている．これらのビットのセットあるいはリセットのための特別の命令が提供されている．ユーザプログラムを実行するとき，参照される各ページに関連したビットがハードウェアによってセットされる．ある時間後，ビットを検査することによって，どのページが参照されたか，そして参照されなかったかを判断することができる．参照の順序は知ることができないが，どのページが参照されて，どのページが参照されなかったかを知ることができる．

5.7 割付け技法

要求時ページングとページ置換えを行うことによって，ユーザの仮想記憶は理論的には実記憶よりもかなり大きくすることが可能となる．すなわち，これらを実現することによって，実行速度の問題を別とすれば各プロセスの実行の継続が可能となる．しかし，実際のシステムでは，マルチプログラミングを行っているため，妥当な性能を発揮させる場合の仮想記憶と実記憶のサイズの比はせいぜい数倍程度に留まっている．本節では，特に，マルチプログラミングシステムにおいて各プロセスへどのようにページ枠を割り付けたらよいのかを説明する．

5.7.1 大域割付けと局所割付け

マルチプログラミングシステムでは，プロセスに割り付けるページ枠の数を明示的に決定しなければならない．複数のプロセスがページ枠を競合する場合のページ置換えは，**大域置換え (global replacement)** と**局所置換え (local replacement)** に分類される．大域置換えは，当該ページ枠が他のプロセスに割り付け中であるか否かにかかわらず，すべてのページ枠の集合から置き換えるページ枠を選択する．すなわち，実行中のプロセスが他のプロセスのページ枠を奪うことになる．局所置換えにおいては，当該プロセスに割り付けられているページ枠の集合からしか置き換えるページ枠を選択しない．したがって，局所置換えにおいては，各プロセスに割り付けられるページ枠の数は変更されない．大域置換えにおいては，他のプロセスに割り付けられているページ枠のみを選択することも可能であり，プロセスに割り付けられるページ枠数は増加することになる．

大域置換えにおける問題は，各プロセスが自分のページフォルト率を制御できないことにある．プロセスの主記憶上のページ集合は，当該プロセスのページングのふるまいのみならず，他のプロセスのページングのふるまいにも依存するからである．したがって，同一のプロセスがまったく異なった環境で実行されることになる．局所置換えにおいては，プロセスの主記憶上のページ集合は当該プロセスのページングのふるまいのみに影響されるので，このような状況は発生しない．

5.7.2　割付けアルゴリズム

n 個のプロセスに p 個のページ枠を割り付けるための最も単純な方法は，各プロセスに p/n 個のページ枠を等しく配分することである．この方法は，**均等割付け**と呼ばれている．この方法は，プロセスによっては不必要なページ枠を与える結果となる．別の方法として，**比例配分割付け**と呼ばれる方法が考えられる．有効ページ枠の全体数を p とし，プロセス $i(1 \leq i \leq n)$ の個々の仮想記憶の大きさを v_i とすると，プロセス i に

$$h_i = \frac{v_i}{\sum v_i} \times p \text{ 個}$$

のページ枠を割り付ける．ただし，h_i はそれらの和が p を超えないように調整しなければならない．

もちろん，これらの方法はともにマルチプログラミングの多重度に応じて変化する．マルチプログラミングの多重度が増加すると，各プロセスは新しいプロセスに必要なページを割り付けるために何個かのページを失う．一方，マルチプログラミングの多重度が減少すると，立ち去るプロセスに割り付けられたページを残りのプロセスに与えることが可能となる．均等あるいは比例配分割付けに関しては，高い優先度を持つプロセスと低い優先度を持つプロセスとが同様に扱われる．しかし，その優先度によって各プロセスに主記憶を割り付けたい場合がある．このために，ページの割合がプログラムの相対的なサイズに依存するのではなく，それらの優先度，あるいはサイズと優先度の組合せに依存する比例配分割付けを使用することが考えられる．あるいは，高い優先度を持つプロセスが，低い優先度を持つプロセスのページ集合から置き換えのためのページ枠を選択することが考えられる．

5.8 スラッシング

各プロセスには，その時点で頻繁に使用するページ集合が存在する．プロセスがこのページ集合を保持するのに十分なページ枠を持っていないと，直ちにページフォルトが発生し，ページを置き換えなければならない．しかし，そのプロセスのすべてのページは使用中であるから，直ちに必要となるページを置き換えてしまうことになる．したがって，システムはページフォルトが頻繁に発生する状況に陥る．この状況は，**スラッシング (thrashing)** と呼ばれている．実行よりもページングに時間を多く使用するとき，プロセスはスラッシング状態になっていると考えられる．

スラッシングは，システム全体の性能の問題を引き起こす．オペレーティングシステムはCPUの利用率を監視している．システムは，CPU利用率が極端に低くなると，マルチプログラミングの多重度を上げるために新しいプロセスを追加する．一方，すでに存在する各プロセスは実行の新しいフェーズに入り，さらにページ枠を必要としているので，各プロセスはページフォルトを発生し他のプロセスからページを奪い取る．しかし，他のプロセスもそれらのページを必要としているので，ページフォルトを起こして他のプロセスからページを奪い取る．結局，これらのプロセスはすべて2次記憶アクセスのキューにつながれ，実行可能キューが空になってしまう．その結果，CPU利用率が低下してしまう．

CPUスケジューラは，CPU利用率が低下したのでさらに多重度を増加させる．その結果，さらにページフォルトが発生し，2次記憶アクセスの長いキューができてしまう．その結果，CPU利用率はさらに低下し，CPUスケジューラはさらに多重度を上げようとする．こうして，スラッシング状態となりシステムのスループットが急激に低下してしまう．すなわち，ページングにすべての時間を費し，なにも有効な仕事が行われないことになる．

図5.12はこの現象を示している．マルチプログラミングの多重度が増加すると，徐々にCPU利用率も増加する．さらにマルチプログラミングの多重度が増加すると，スラッシングが発生しCPU利用率が急激に低下する．この時点で，システムはマルチプログラミングの多重度を下げなければならない．

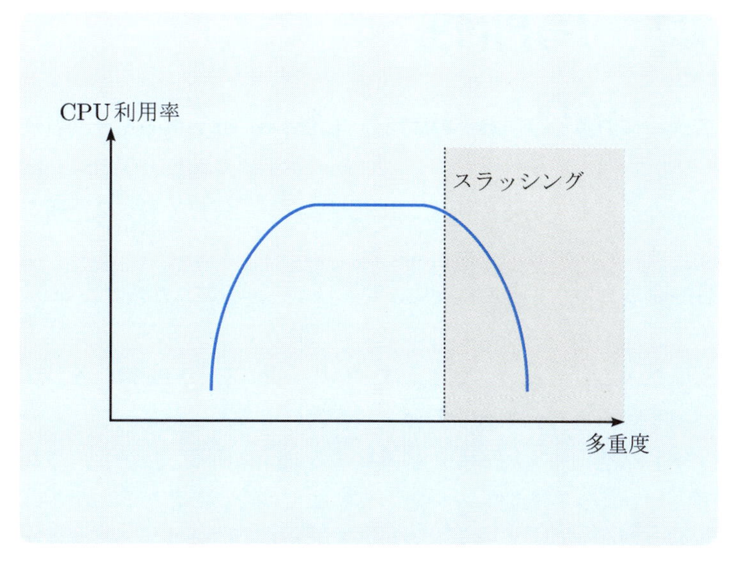

図 5.12　スラッシング

コラム　スラッシング

みなさんはスラッシングを経験したことがあるだろうか．ハードディスクのアクセスランプがほぼつきっぱなしとなり，コンピュータがフリーズしたかのようになる．ただ，気長に見ていると，ごくたまにマウスポインタが動いたり，画面が書き換わったり，処理が少しずつ進んでいるのがわかる．近年のオペレーティングシステムでは，シャットダウンせずに電源を切ったり，リセットボタンを押すとデータが失われるため，スラッシングを解消して通常の状態に戻さなければならない．このようなときは時間はかかるがプロセスを一つ一つ終了させてやればメモリが空いてスラッシングが収まる．普段見かけるコンピュータの不具合も，オペレーティングシステムの仕組みがわかると，原因や対処が見えてくる．　○

5.9 局所性

記憶管理技法の多くは，**参照の局所性 (locality of reference)** の概念に基づいている．参照の局所性とは，各プロセスが一様に仮想アドレス空間を参照するのではなく偏りのある局所化されたパターンで仮想アドレス空間を参照する傾向にあるという概念である．しかし，このことは確率が高いというだけで，必ず保証されるということではない．局所性は，理論的な性質とういうよりは，観察された性質である．かなりの確率で局所性が見られるが，決してそうなるという保証はどこにもない．たとえば，ページングにおいては，各プロセスは自分のページのある部分集合を参照する傾向にある．しかも，これらのページは仮想アドレス空間において互いに隣接する傾向にある．しかし，これはプロセスが新しいページを参照しないという意味ではない．もしそうならば，プロセスは実行を開始することができないことになる．局所性とは，プロセスが自分のページの特定の部分集合に対してある時間集中的に参照する傾向にあることを意味する．

局所性は，プログラムの記述および実行を考えると理解が容易である．局所性には以下の 2 つがある．

(1) 時間的局所性 **時間的局所性**は，最近参照されたページは近い将来にも参照される確率が高いことを意味する．これは，ループ，サブルーチン，スタック，カウンタに使用される変数などを考えると明らかである．

(2) 空間的局所性 **空間的局所性**は，あるページが参照されると近くのページも参照される確率が高いことを意味する．これは，配列のスキャンや逐次的なプログラムの実行を考えると明らかである．さらに，プログラマは，プログラムを記述する際，意味的に関連した変数の定義を近くに置くことからも明らかである．

おそらく，参照の局所性の最も重要な点は，各時点で必要とするページの部分集合が主記憶上に存在する限り，各プロセスは効率良く走行可能であるということである．

図 5.13 は，プロセスのアドレス参照がページを横切ることを表している．実際にプログラムの実行時のアドレストレースにより種々の結果が得られている．

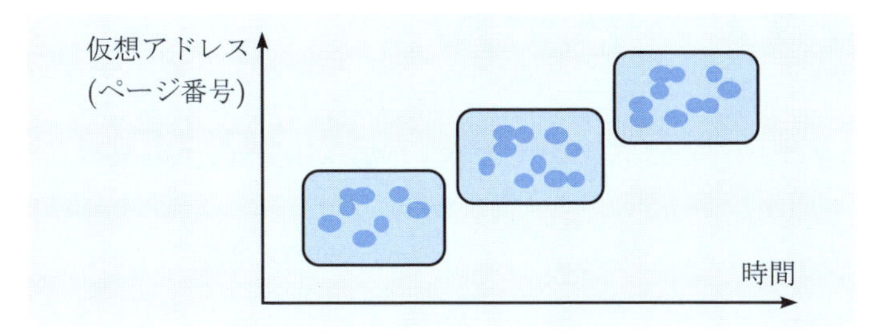

図 5.13　参照の局所性

黒い部分は，連続した時間区間で当該アドレスが参照されることを示す．このように，プログラムは実行時にそのページの部分集合を好んで参照する．

図 5.14 も局所性の存在を裏付けるものである．この図は，プロセスのページフォルト率が有効な主記憶の容量に依存することを示している．直線は，一様に分布するランダムな参照パターンの場合のページフォルト率と主記憶容量の関連を示している．曲線は，ほとんどのプロセスに見られる局所的な参照パターンの場合の関連を示している．プロセスに有効なページ枠の数が減少しても，ページフォルト率に極端に影響を与えない区間が存在する．しかし，ページ枠の数をさらに小さくするとページフォルト率が急激に増加する点がある．

以上のことは，プロセスの各時点で必要となるページの集合が主記憶上に存在する限り，ページフォルト率はあまり変化しないことを意味している．しかし，それらのページの集合が主記憶上から削除されると，ページングが頻繁に発生する状況に陥る．

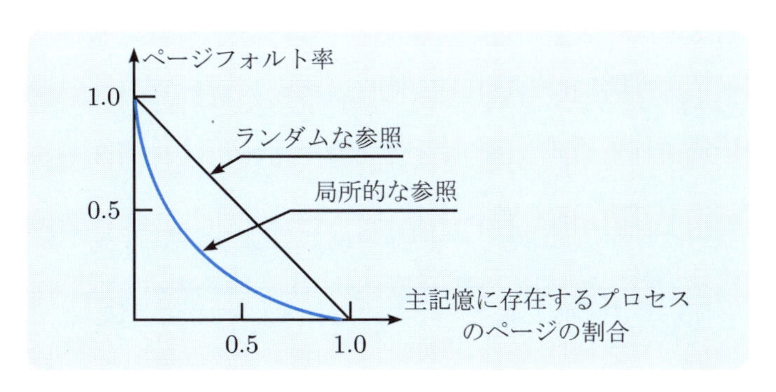

図 5.14　ページフォルト曲線

5.10 ワーキングセットモデル

Denning は，**ワーキングセットモデル (working set model)** と呼ばれるプログラムのふるまいのモデルを提案した．**ワーキングセット (working set)** とは，プロセスの実行の各時点で，プロセスが活発に参照しているページの集合である．プログラムを効率的に走行させるためには，そのワーキングセットを主記憶上に保持しなければならない．これが不可能な場合は，2 次記憶上のページを繰り返し要求するスラッシングの状態が発生する．

ワーキングセット法は，プログラムのワーキングセットを主記憶上にできるだけ維持しようとする技法である．新しいプロセスを実行可能状態の集合に追加するための (すなわち，マルチプログラミングの多重度を上げるための) 決定は，新しいプロセスのワーキングセットを置くのに十分な領域が主記憶上で有効か否かに基づいている．しかし，この決定は発見的技法に基づいて行われている．システムが各プロセスのワーキングセットがどれだけの大きさになるかを前もって知ることが不可能なことによる．

時刻 t におけるプロセスのワーキングセット $W(t,w)$ は，$[t-w,t]$ の間にプロセスによって参照されるページの集合である (図 5.15 参照)．ここでの時間は，実際の時間ではなく，他のプロセスが実行される時間を含めない当該プロセスのみが実行される時間を意味する．この時間は，**仮想時間 (virtual time)** と呼ばれる．変数 w は，ワーキングセットの**ウィンドウサイズ (window size)** と呼ばれる．ウィンドウサイズを 3 とした場合の各時刻におけるワーキングセットを図 5.16 に示す (なお，ワーキングセット法の特徴が出るように，例題の参照ストリングとは変えている)．

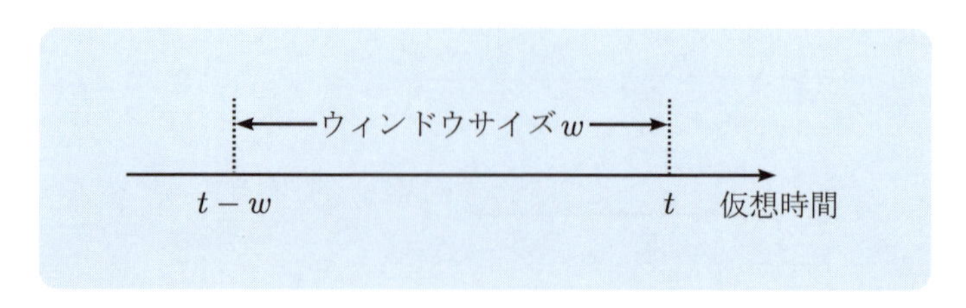

図 5.15　ワーキングセットモデル

ページフォルト	✓	✓	✓	✓		✓	✓	✓			✓	
参照ストリング	0	1	2	3	3	0	1	4	4	1	3	1
ワーキングセット	0	1	2	3	3	0	1	4	4	1	3	1
		0	1	2	2	3	0	1	1	4	1	3
			0	1			3	0			4	

図 5.16　ワーキングセット法

ワーキングセット法においては，ウィンドウサイズ w の選択が効率に大きく影響を与える．すなわち，ワーキングセットの精度は w の選択に依存している．w が極端に小さいと，ワーキングセット全体を取り込むことができない．また，w が極端に大きいと，複数のワーキングセット (すなわち，局所性) を取り込んでしまう．極端な場合，w を無限大とすると，ワーキングセットはプログラム全体となってしまう．図 5.17 は，w とワーキングセットサイズの関係を示したものである (ただし，これは，実際のワーキングセットサイズの観察に基づくものではない)．この図は，ウィンドウサイズを大きくして行くと，ワーキングセットサイズが急激にプログラムのサイズに近付くことを示している．このことは，ウィンドウサイズをある程度大きく取れば，ワーキングセット全体を取り込むことが可能であることを意味する．

さらに，ワーキングセット法においては，各プロセスのワーキングセットのサイズも問題となる．システム内に存在する各プロセスのワーキングセットサ

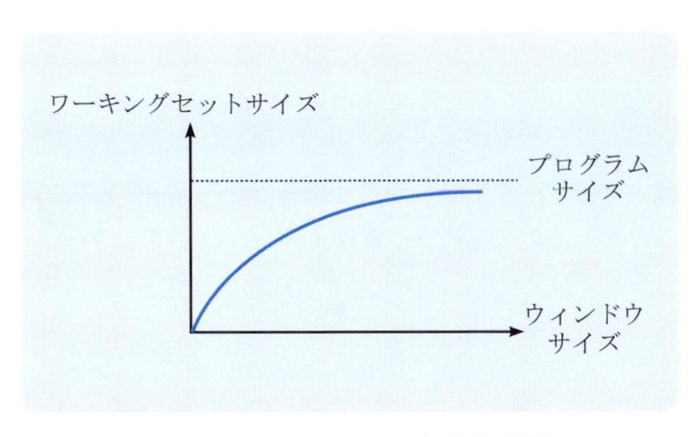

図 5.17　ワーキングセットサイズ曲線

イズの合計が，その時点でのページ枠の全要求量となる．要求が有効な全体のページ枠数よりも大きくなると，いくつかのプロセスが十分なページ枠を持つことができないのでスラッシングが発生する．ワーキングセットは，プロセスの実行とともに変化する．時として，まったく異なったワーキングセットを必要とする場合もある．したがって，プロセス実行時のワーキングセットのサイズは，以降のワーキングセットのサイズとして適用することが不可能である．以上のことが，ワーキングセット法を実際の記憶管理技法として使用する場合の問題である．図5.18は，ワーキングセット法の下で実行中の各プロセスがどのように主記憶を使用するかをモデル化したものである．

プロセスは，実行を開始するとそのワーキングセット内のページを1ページずつ要求する．すなわち，プロセスはそのワーキングセットを保持するのに十分な主記憶を徐々に受け取ることになる．この時点で，プロセスは最初のワーキングセット内のページを活発に参照し，安定した使用が行われる．次に，プロセスは最初のワーキングセットから2番目のワーキングセットへ遷移する．遷移を表している曲線は最初のワーキングセット内のページ数よりも上へ行く．これは，新しいワーキングセットのためにそのプロセスが急激な要求時ページングを行うからである．システムは，そのプロセスがそのワーキングセットを拡張するのか変更しているのかを知る方法が存在しない．プロセスが，次のワーキングセットで安定すると，システムはプロセスの主記憶割付けを2番目のワーキングセットのページ数まで減少させる．ワーキングセット間の遷移が発生するたびに，この上昇と下降があり，システムはその遷移に適合しようとする．

図5.18は，ワーキングセット法の実現が困難であることを示している．すなわち，上で述べたようにワーキングセットは遷移的であり，プロセスの次のワーキングセットは前のワーキングセットとは本質的に異なっている．記憶管理技法を設計する場合，主記憶の割り付け過ぎやその結果としてのスラッシングを回避するために，この遷移を注意深く扱わなければならない．

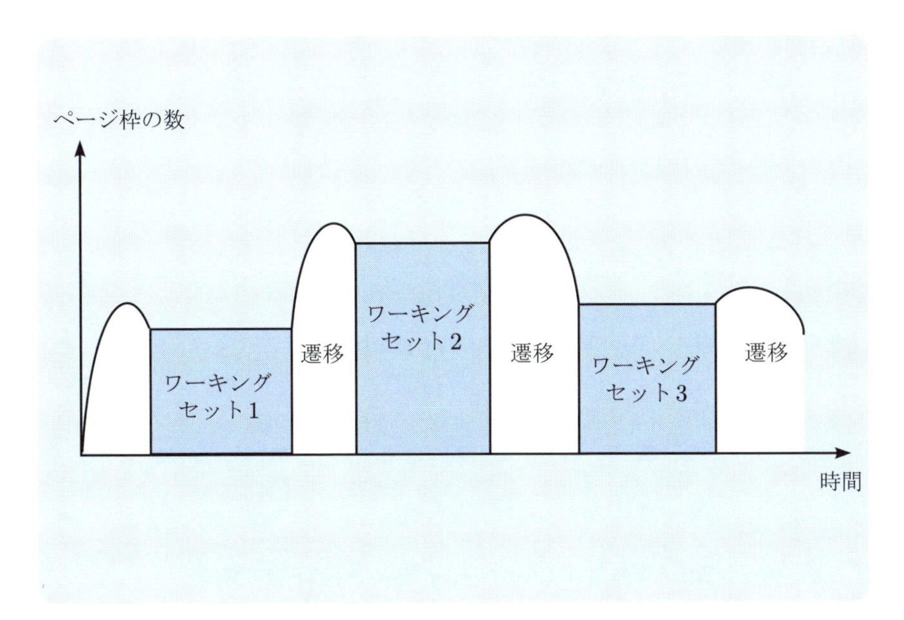

図 5.18　ワーキングセットの遷移

演習問題

□ **5.1 （実アドレスと仮想アドレス）** 実アドレスと仮想アドレスについて説明せよ．さらに，その間の動的アドレス変換の流れについて説明せよ．

□ **5.2 （ページングとセグメンテーション）** ページングとセグメンテーションの違いについて説明せよ．さらに，おのおのの長所および短所を挙げよ．

□ **5.3 （要求時ページングとプリページング）** 要求時ページングとプリページングの相違について説明し，おのおのの長所および短所を挙げよ．

□ **5.4 （ページ置換えアルゴリズムのフォルト数の比較）**

以下の参照ストリングに関して，FIFO, OPT, LRU，ワーキングセットの4つのページ置換えアルゴリズムのフォルト数をおのおの求めよ．

5，0，1，2，0，3，0，4，5，4，5，0，1，2，3，4，5，4，3，2

ただし，ページ枠の数を3とする(ワーキングセットの場合はウィンドウサイズを3とする)．

□ **5.5 （ページ置換えアルゴリズムのページ枠数とフォルト数の関係）**

以下のページ参照ストリングを考える．

1，2，3，4，2，1，5，6，2，1，2，3，7，6，3，2，1，2，3，6

1から7個までのページ枠を仮定したとき，LRU, FIFO, OPTのページ置換えアルゴリズムに関して何回のページフォルトが発生するか求めよ．

□ **5.6 （スラッシング）** スラッシングとは何か．どのような状況で発生するのか．また，それを回避するための手段はあるか説明せよ．

□ **5.7 （参照の局所性）** プログラムの参照の局所性について説明せよ．特に，時間的局所性と空間的局所性に分けて説明せよ．

□ **5.8 （ワーキングセット）** ワーキングセットの定義を述べよ．また，ワーキングセット法の長所および短所について説明せよ．

□ **5.9 （要求時ページングとページ参照パターン）** 要求時ページング環境は，以下のプログラミング技法および構造のうちでいずれの相性が良いか，または良くないか，理由とともに述べよ．

(1)　スタック　(2)　ハッシュテーブル　(3)　線形探索

(4)　二分探索　(5)　間接参照

□ **5.10 （ページサイズ）** ページサイズの選択がページングにどのような影響を与えるか説明せよ．

第6章

ファイルシステム

ファイルシステムは，ファイルを格納するためのディスクを始めとしたさまざまな記憶装置の物理的な特性を抽象化し，ユーザがファイルを操作するための統一的な方法を提供する．ファイルは，データやプログラムを格納するための論理的な単位である．ファイルシステムは，この論理的な単位をディスクなどの物理的な記憶装置に写像する．このために，各種のファイル構造やアクセス法を提供したり，2 次記憶上の領域割付けの管理を行う．また，ユーザがファイルを簡単に使用可能とするためのインタフェースを提供したり，ファイルに関する各種情報が格納されるディレクトリも管理している．さらに，複数のユーザがファイルにアクセスする際に，ユーザの権限によってアクセス範囲を限定するファイル保護の機能も提供している．本章では，ファイルシステムにおける種々の機能について説明する．

6.1 ファイルとは

ファイル (file) は，名前が付けられたデータあるいはプログラムの集合であり，それらを格納するための論理的な単位である．ファイルは，一般に，ビットやバイトの系列，あるいはレコードの系列などから構成され，ディスクなどの 2 次記憶装置に格納される．

ファイルには，ソースプログラム，オブジェクトプログラム，文字列から構成される文書，ビット列から構成される画像データなどが格納される (下記のコラム参照)．ファイルは，これらの型に対応した構造を持つ．

ファイルシステムは，ファイルを効率良く操作するために，論理的な構造を持つファイルのデータをディスク上にどのように格納するかといった物理構造を提供しなければならない．また，それらのデータへのアクセス方も提供しなければならない．

コラム ファイルの種類

Unix に代表されるような，ファイルをバイト列として扱うようなオペレーティングシステムでは，ファイルの種類を表す「テキストファイル」や「バイナリファイル」という呼び名がよく用いられる．

テキストファイル もっぱら文字を扱うことを目的としたファイル．そのため，内容は ASCII コードや UTF-8 といった文字を表すためのデータから構成される．例えば，ソースプログラムなど．なお，書式情報やレイアウト情報なども含むワードプロセッサソフトのデータはこれには該当しない．

バイナリファイル プログラムそのもの，またはプログラムが扱うデータを格納することを目的としたファイル．内容はデータ形式に依存するが，一般的には各バイトが 0～255 の範囲で構成される．そのため，人が参照したり，画面への表示や印刷に向いていない．例えば，オブジェクトプログラム，実行形式のプログラム，動画・画像・音声ファイルなど．アプリケーションプログラムが扱うデータファイルはこれに該当することが多い．なお，CSV など，一部のデータ形式にはテキストファイルのものもある．

これらは目的やデータの範囲という視点では異なるが，オペレーティングシステムの視点ではどちらもバイト列であり，扱いに違いはない． ○

6.2 ファイルの内部構造

ファイルは，オペレーティングシステム内では論理構造と物理構造の二つの視点を持つ．論理構造はユーザから見た視点であり，ファイル内のデータの構造を意味する．物理構造はファイルのディスク上へ配置する際の構造を意味する．

Unix では，論理構造は単純なバイト列として定義されている．各バイトの位置は，ファイルの先頭や終端からのオフセットで指定できる．このような場合，物理構造は，バイト列をディスクの記録の単位に区切るだけでよい．この記録の単位は，**ブロック (block)** と呼ばれる．

一方で汎用システムでは，ファイルの論理構造は，互いに関連した項目からなるレコードの集まりとして構成される場合が多い．たとえば，住所録のファイルは，名前，郵便番号，住所，電話番号などの項目から構成される住所レコードの集まりである．このようにユーザが 1 単位として扱う項目の集まりであるレコードは，**論理レコード (logical record)** と呼ばれる．これに対して，実際に，ディスクなどから読み出されたり，ディスクへ書き込まれたりする情報の単位は，**物理レコード (physical record)** と呼ばれる．

ディスク上では，レコードの集合でブロックを構成する．特に，ブロックが 1 つの論理レコードのみから構成されるとき，**非ブロックレコード (unblocked record)** と呼ばれる．おのおのの物理ブロックが複数の論理レコードから構成されるときは，**ブロックレコード (blocked record)** と呼ばれる．**固定長レコード (fixed length record)** のファイルにおいては，すべてのレコードは同一の長さであり，ブロックサイズはレコード長の整数倍となっている．**可変長レコード (variable length record)** のファイルにおいては，レコード長はブロックサイズ以内の長さで可変となる．

一般に，ファイルをブロックレコードとして構成すると，入出力回数が減少し処理速度が向上する．また，**インターレコードギャップ (inter-record gap)** と呼ばれるブロック間のギャップが少なくなるので，領域の使用効率も向上する．

6.3 ファイル操作

ファイルの操作には，ファイルのオープン・クローズ，ファイルの生成・削除，ファイルからのデータの読出し・ファイルへのデータの書込み，コピー，ファイル一覧のリストなどの多数の操作がある．これらは，システムコール，シェルのコマンド，システムのサービスプログラムによって実現されている．本節では，ファイルを操作するために必要となるファイル制御ブロック，ファイルとプログラムの結合法，バッファリングなどについて説明する．

6.3.1 ファイル制御ブロック

ファイルを操作する場合，最初に，**ファイル制御ブロック** (**FCB**: **File Control Block**) や**ファイル記述子** (**file descriptor**) と呼ばれるファイルに対応したシステムテーブルが生成される．FCB に設定される項目には以下のものがある．

- ファイルの名前
- ファイルの型 (ソースプログラム，オブジェクトプログラムなど)
- ファイルのサイズ
- ファイルの構造に関する情報
- ファイルの保護情報
- ファイルの 2 次記憶上のアドレス
- ファイルの作成日付と時刻
- 最後に変更された日付と時刻
- 読出し，あるいは書込みの回数

FCB に設定される項目は，2 次記憶上のディレクトリに格納されている．それらの項目は，ファイルがオープンされたときに主記憶上に読み出され，プログラム実行時に FCB にコピーされる．FCB は，ファイルシステムによって管理され，ユーザが直接参照することはできない．

6.3.2　プログラムとファイルの結合

プログラムでファイルを使用する場合は，そのことをシステムに知らせなければならない．このために，オープンとクローズの2つのファイル操作が用意され**オープン** (**open**) 操作は，ファイルを使用することをシステムに知らせるためのものである．また，**クローズ** (**close**) 操作は，ファイルの使用を終了したことをシステムに知らせるためのものである．一般に，オープンおよびクローズ操作を使用するシステムでは，ファイルにアクセスする前にファイルをオープンしなければならない．しかし，ファイルに対して最初の参照がなされた時点で暗黙的にファイルがオープンされるシステムもある．ファイルがクローズされなければ，プログラムが終了したときにシステムが自動的にファイルをクローズする．

プログラムでは，まず，オープン操作によってシステムにファイルの使用を通知する．システムは，この時点でFCBを生成する．次に，プログラム中に宣言されたファイル名をもとにディレクトリを検索し，使用するファイルを特定する．システムは，検索した情報をFCBの各項目に設定する．ファイルシステムは，以降，このFCBに設定された情報によってファイル操作を制御する．

6.3.3　バッファリングとブロッキング

プログラムがファイルの読出しや書込みをする度にディスクにアクセスしていると，プロセスが頻繁に待ち状態となるためCPU利用率が下がる．これを防ぐための技法に**バッファリング** (**buffering**) がある．バッファリングを行うことによって，CPU処理と入出力処理のオーバラップが可能となり，CPUの利用率が向上する．最もよく使用される方法は，**ダブルバッファリング** (**double buffering**) であり，図6.1のように行われる．

まず，オープン操作によって，ファイルの2つのブロックがバッファ1とバッファ2に転送される．次に，読出し操作によって，バッファ1内の1つのレコードがプログラム中の作業領域にコピーされる．読出し操作が繰り返されてバッファ1が空になると，バッファ2に切り替わり，同時にバッファ1へのブロックの転送が開始される．この間，プログラムは，バッファ2からレコードを得て処理を続けることができる．バッファ2のレコードがなくなると，今度はバッファ1に切り替わり，バッファ2へのブロックの転送が開始される．

実行中のプログラムの書込み操作によって出力されるレコードも一旦バッファに格納される．図6.1では，生成されたレコードは，まず，満杯になるまでバッファ3に置かれる．その後，バッファ3の2次記憶への転送が開始される．この転送が行われている間，プロセスはバッファ4にレコードを生成し続ける．バッファ4が満杯になり，バッファ3の転送が完了すると，バッファ4からの転送が開始される．プロセスは，今度は，バッファ3にレコードを生成し続ける．書込み用のバッファに残ったレコードは，クローズ操作あるいはプログラムの終了時に自動的にファイルに書き込まれる．以上のように，バッファ内で複数のレコードをブロックに組み立てて出力することを**ブロッキング (blocking)**，バッファに読み出したブロック内のレコードを1レコードずつプログラムに渡すことを**デブロッキング (deblocking)** という．

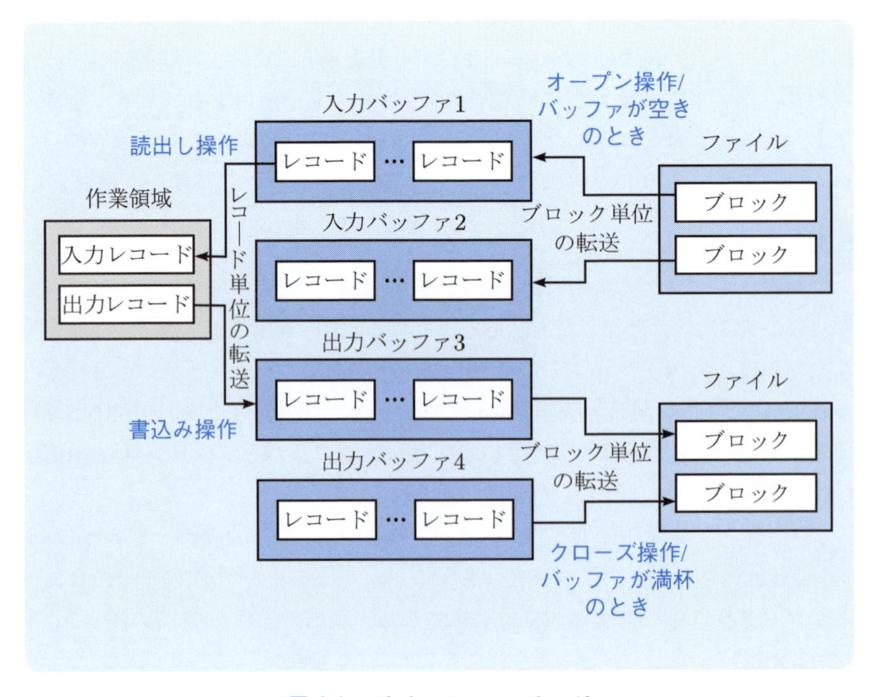

図6.1 ダブルバッファリング

6.4 ファイル構造とアクセス法

ファイル構造 (**file structure**) は，プログラムなどで扱われるファイルの論理構造のことである．たとえば，Unix におけるファイルのように単なるバイト列として定義されたり，レコードが順に並んだものやブロックの集まりなどとして定義される．このようなファイルの論理構造と，ディスクなどの2次記憶上のファイルの格納構造である物理構造との間の変換を行うのが**アクセス法** (**access method**) である．すなわち，アクセス法は，ファイルを2次記憶に格納する際に，論理構造から物理構造へ変換してから格納する．また，2次記憶からファイルを読み出す際には，物理構造から論理構造への変換を行い，そのファイルを主記憶上に置く．このように，ファイルのアクセス法は，ユーザが入出力装置の詳細を意識せずに，2次記憶と主記憶の間のデータ転送を容易に行えることを目的としている．本節では，ファイルの構造とアクセス法に関して説明する．

6.4.1　逐次ファイル

逐次ファイル (**sequential file**) は，入出力の際に転送されるバイト，レコード，あるいはブロックの順番が2次記憶上の格納位置によって決定されるファイルである．図6.2に示すように，2次記憶上のブロックの並びにしたがって入出力が行われる．

逐次ファイルに対する操作は，そのほとんどが読出しと書込み操作である．逐次ファイルの読出しの際には，ファイルの現在の位置にあるブロックが読み出され，次の読出しに備えて自動的に次のブロックに位置付けられる．同様に，書込みは，ファイルの終わりにブロックを追加し，新しく書き込まれたブロックの終わり，すなわち新しいファイルの終わりに位置付けられる．

このように逐次ファイルは，2次記憶上のブロックの並びにしたがってアクセスされるため，連続したブロックを一度に読み出したり書き込んだりする場合は効率が良い．しかし，ファイルの途中にブロックを挿入したり，途中にあるブロックを削除したりすることは困難となる．このことは，ファイルが小さいときにはそれほど問題にはならない．挿入あるいは削除の部分までブロックを読み飛ばせばよいからである．しかし，ファイルのサイズが大きくなるにつれて，そのための時間は無視できなくなる．

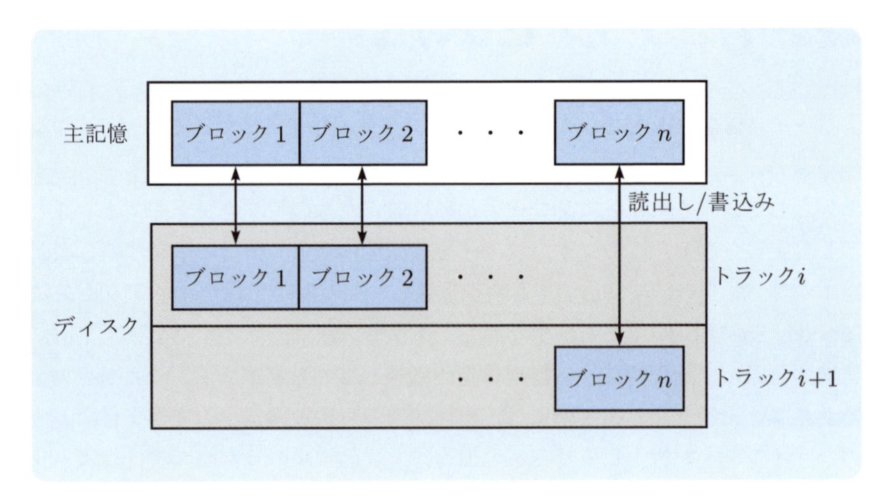

図 6.2 逐次ファイル

6.4.2 直接アクセスファイル

直接アクセスファイル (direct access file) は，**ランダムアクセスファイル (random access file)** とも呼ばれ，番号付けされたブロックの集まりとして定義される (図 6.3 参照)．ブロックの大きさは，おのおののファイルごとに定義することができる．

直接アクセスファイルを使用することによって，逐次ファイルにおける問題を解決することができる．すなわち，大量の情報が格納されているファイルから，必要な部分だけを効率良くアクセスすることができる．これは，ユーザがブロック番号を指定することによって，任意の位置にあるブロックを直接読み出したり書き込んだりすることが可能なことによる．このブロック番号は，**相対ブロック番号 (relative block number)** と呼ばれる．相対ブロック番号は，ファイルの先頭からの位置を表すブロック番号であり，おのおののブロックのアクセス時に 2 次記憶上の物理アドレスに変換される．

直接アクセスファイルでは，相対ブロック番号を使用することによって，特定のアプリケーションに適した順序でブロックを 2 次記憶上に配置することができる．しかし，その半面，ブロックの位置をアプリケーション側で管理しなければならないといった複雑さが伴う．

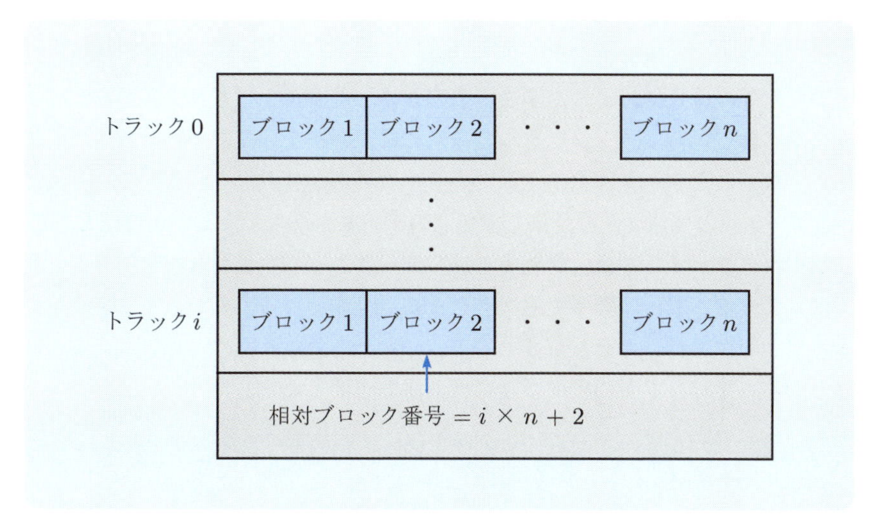

図 6.3　直接アクセスファイル

6.4.3　索引付きファイル

索引 (**index**) と呼ばれる2次的な情報をファイルに付け加えることによって，さまざまなファイル構造を実現することが可能となる．索引には，ファイルを構成する各ブロックの論理的な順序を表す**キー** (**key**) と，そのブロックの2次記憶上の物理アドレスの組が格納される．このような索引の付加されたファイルは，**索引付きファイル** (**indexed file**) と呼ばれる．索引自体は，ディレクトリに格納されたり，サイズが大きくなる場合には索引ファイルなどに格納される．

索引付きファイルでは，ファイルにアクセスするために，まず，キーによって索引を検索し，該当する索引のエントリを見つける．次に，そのキーに対応する2次記憶上のブロックの物理アドレスを使用して，当該ブロックを直接アクセスする．大きな容量のファイルに関しては，索引全体を主記憶上に読み出すことが不可能となる場合がある．この場合は，索引ファイルにさらに索引が付加される．このとき，ファイルを構成するブロックの索引を**2次索引** (**secondary index**) あるいは**副次索引**と呼び，2次索引のための索引を**主索引** (**primary index**) と呼ぶ (図 6.4 参照)．

ファイル内の特定のデータを見つけるために，まず，主索引に対して2分探索が行われる．主索引の各エントリには，2次索引のブロック番号が格納されている．この番号に対応した2次索引のブロックが読み出され，必要なデータが格納されているブロックを見つけるために，再び2分探索が行われる．最後に，要求されたデータが格納されているブロックが読み出される．この方法では，高々2回のブロックの読出しで任意のデータを検索することが可能となる．

索引付きファイルでは，ファイルシステムによって生成された索引を介した検索によって，キーの順序で逐次アクセスが可能となる．また，キーを介して直接アクセスを行うことも可能となる．一方，索引の維持のためのコストが問題となる．また，索引の効率の良い検索法も必要となる．

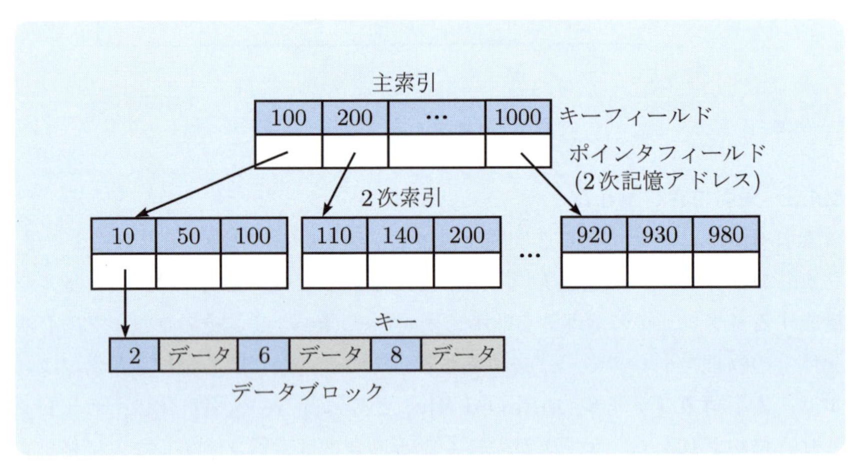

図6.4　索引付きファイル

6.5 ディレクトリの管理

6.5.1 ディレクトリとは

おのおののファイルは，それら単独で存在するものではなく，システムによって維持される**ディレクトリ** (**directory**) に基づいて管理されている．ディレクトリは，2 次記憶上に格納されているすべてのファイルに関する情報を保持している．多数のファイルを管理しているシステムにおいては，これらの情報を格納するディレクトリ自体のサイズが大きなものとなる．このため，通常はディレクトリ自体もファイルと同様に 2 次記憶に格納される．したがって，ファイルをアクセスする場合，ディレクトリとファイルの少なくとも 2 回の 2 次記憶アクセスが必要となる．ファイルアクセスの高速化のために，ディレクトリの一部を主記憶上にキャッシュしたり，ディスクキャッシュなどのハードウェアを使用しているシステムもある．

6.5.2 ディレクトリの操作

ファイルを操作するためには，ディレクトリから当該ファイルに関する情報を取得しなければならない．このために，ファイルシステムでは，以下のようなディレクトリ操作が用意されている．

(1) 検索　ファイルをアクセスする場合，そのファイルのサイズや 2 次記憶上のアドレスを知る必要がある．これらの情報は，ディレクトリに格納されているので，アクセスすべきファイル名によってディレクトリの検索が可能でなければならない．

(2) ディレクトリエントリの追加　新しいファイルが作成された場合，ファイル名やファイルのサイズなどの情報をディレクトリに追加しなければならない．

(3) ディレクトリエントリの削除　ファイルを削除する場合，そのファイルに対応したディレクトリのエントリを削除しなければならない．

(4) ファイル一覧の表示　システムに登録されているファイルの一覧，あるいはユーザごとに定義されているファイルの一覧などの表示が可能でなければならない．

これらの操作は，ファイルアクセスのさまざまな場面で使用される．たとえば，新しいファイルを作成する場合，同一の名前を持つ既存のファイルが存在しないことを確かめるために，ディレクトリを検索しなければならない．また，ファイルを削除する場合は，ディレクトリを検索し当該ファイルに割り付けられている2次記憶上の領域を解放しなければならない．このような操作を効率良く行うためには，ファイルが使用される状況に適したディレクトリの構造を考えなければならない．

6.5.3 ディレクトリの構造

ディレクトリもファイルと同様に種々の構造が考えられる．これらの構造は，上に挙げたディレクトリ操作を高速化するために考えられている．主なディレクトリの構造としては，以下のものがある．

(1) 線形リスト 線形リスト (**linear list**) では，特定のエントリを見つけるために**線形探索** (**linear search**) が行なわれる．したがって，操作自体は簡単になるが探索時間がかかるという問題がある．リストがソートされていれば，**2分探索** (**binary search**) を行うことにより探索時間が短縮される．しかし，ソートされていない場合に比べて，ファイルの作成と削除のための処理がかなり複雑になる．これは，ディレクトリのエントリを常にソートされた状態にしておかなければならないためである．

(2) 2分木 この問題を解決するために，リンクでつながれた**2分木** (**binary tree**) を使用することが考えられる．しかし，2分木は，ファイルの作成および削除が容易になる半面，リンクを格納しておくための余分な領域が必要となる．

(3) ハッシュテーブル もう1つの方法として，**ハッシュテーブル** (**hash table**) を使用することが考えられる．ハッシュテーブルは，ディレクトリの検索時間を大幅に短縮することが可能である．挿入および削除もかなり直接的に行うことができる．しかし，2つのファイル名が同一の位置にハッシュされる状況，すなわち**衝突** (**collision**) に関して何らかの対策が必要となる．

以上のように，おのおのの構造には一長一短があり，どの方法が最適というわけではない．ファイルが使用される状況によって最適な方法を選択しなければならない．

6.6 ディレクトリの階層

システムが扱うファイルの数が増えてくると，ディレクトリエントリの検索時間の増加や，ディレクトリ自体のサイズあるいは2次記憶アクセスの回数の増加の問題が生じる．この問題を解決するために，ディレクトリはいくつかのレベルに階層化されている．ここでは，ディレクトリの階層化の方法について説明する．

6.6.1 単一レベルディレクトリ

最も単純なディレクトリの階層は，**単一レベルディレクトリ** (**single-level directory**) である (図 6.5 参照)．単一レベルディレクトリでは，すべてのファイルに関する情報が1つのディレクトリに格納される．

単一レベルディレクトリは，構造が単純でアクセスも簡単になるが，ファイル数が増加したり複数のユーザをサポートする場合は問題が生じる．たとえば，ファイルシステムでは，各ファイルにシステム全体で一意の名前を付けなければならない．ファイル名は，一般にファイルの内容を反映して付けられるが，長さが制限されている場合が多い．したがって，ファイル数が増加すると，一意の名前を付けることが困難となる．さらに，ユーザは自分のファイルの名前を識別することも困難になってくる．

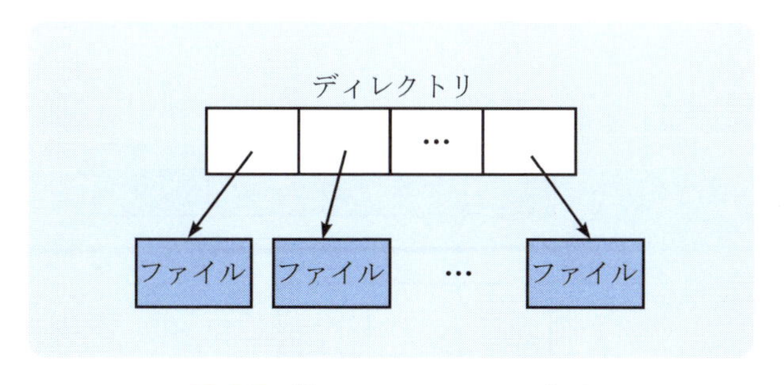

図 6.5　単一レベルディレクトリ

6.6.2 2階層ディレクトリ

単一レベルディレクトリの名前付けの問題は，**2階層ディレクトリ (two-level directory)** を使用することによって解決することができる．2階層ディレクトリでは，ユーザごとの独立のディレクトリとして，**ユーザファイルディレクトリ (user file directory)** が作成される．ユーザファイルディレクトリは，当該ユーザが所有しているファイルに関する情報のみが格納される．ユーザファイルディレクトリを識別するために，その上に**マスタファイルディレクトリ (master file directory)** が構成される．マスタファイルディレクトリの各エントリは，ユーザ名によって識別され，ユーザファイルディレクトリへのポインタが格納される (図6.6参照).

ユーザがログインしたときに，ユーザ名によってマスタファイルディレクトリが検索される．以降のファイルの参照においては，ユーザファイルディレクトリのみが検索される．したがって，ユーザファイルディレクトリ内のファイル名が一意である限り問題は生じない．

このように，2階層ディレクトリは，あるユーザのファイルを他のユーザから孤立化するには効果的である．しかし，複数のユーザが協同で仕事を行う場合やファイルを共有する場合に問題が生じる．共有を可能とするためには，各ユーザが他のユーザファイルディレクトリをアクセス可能としなければならないからである．さらに，特定のファイルをアクセスするためには，ユーザ名とファイル名の両方を指定しなければならない．

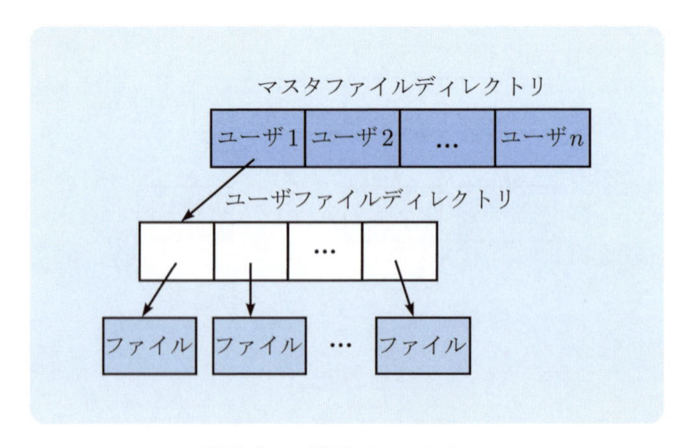

図6.6 2階層ディレクトリ

6.6.3 木構造ディレクトリ

2階層ディレクトリにおけるファイル共有の問題を解決するには，**木構造ディレクトリ** (**tree structured directory**) を使用すればよい (図6.7参照)．木構造ディレクトリを使用することによって，各ユーザは自分のサブディレクトリを作成することができる．ファイル共有を行うためには，このサブディレクトリを共有の単位とすればよい．すなわち，共有したいファイルを共有のためのサブディレクトリの下に置けばよい．Unixのファイルシステムでは，この木構造ディレクトリが使用されている．

木構造ディレクトリは，1つの**ルートディレクトリ** (**root directory**) を持ち，システム内のすべてのファイルは一意の**パス名** (**path name**) を持つ．パス名は，すべてのサブディレクトリを経由するルートから特定のファイルまでの経路である．したがって，ファイルをアクセスする場合は，ファイルのパス名を指定すればよい．ファイルがアクセスされるときに検索されるディレクトリの系列は，**サーチパス** (**search path**) と呼ばれる．

パス名が長くなる場合に対処するために，各ユーザに対して1つの**カレントディレクトリ** (**current directory**) が保持される．ユーザがログインしたとき，システムはユーザ登録ファイルから当該ユーザのエントリを見つける．登録ファイルのエントリには，ユーザのカレントディレクトリ名が格納されている．以降にファイルが参照されるときは，カレントディレクトリが検索される．カレントディレクトリ内に存在しないファイルが必要になったときは，ユーザはパス名を指定するか，カレントディレクトリを変更しなければならない．

パス名には，**完全パス名** (**complete path name**) または，**絶対パス名** (**absolute path name**) と呼ばれる表記と，**相対パス名** (**relative path name**) とがある．完全パス名は，ルートから当該ファイルまでのパス上のすべてのディレクトリ名をつなげることによって構成される．相対パス名は，カレントディレクトリから当該ファイルまでのディレクトリ名をつなげることによって構成される．

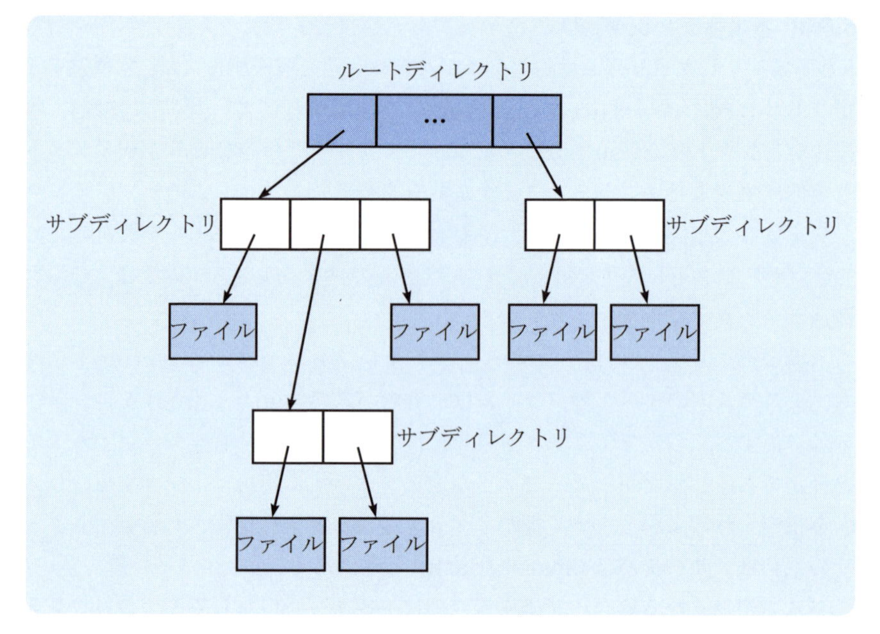

図 6.7 木構造ディレクトリ

6.7 ファイル保護

ファイル保護 (file protection) は，物理的な障害や不当な操作からファイルを保護するための機構である．ファイルシステムでは，ファイル操作の種類を制限することによって，制御された共有を実現している．これは，**アクセス制御 (access control)** と呼ばれている．また，ファイルシステムにおいては，ファイルを物理的な障害から保護するために**バックアップ (backup)** と**回復 (recovery)** の機能が実現されている．

6.7.1 アクセス制御

アクセス制御は，各ファイルに関して，ユーザによるファイル操作の種類を制限することによって，ファイルの共有を管理する．アクセス制御の対象となる基本的なファイル操作には以下のものがある．

(1) 読出し
(2) 書込み
(3) 実行
(4) 追加
(5) 削除

ファイル名の変更，ファイルの内容の変更，ファイルのコピーなどのような操作も制限することができる．しかし，これらの操作は，上記の基本的な操作によって実現可能であるから，上記の操作に対応した保護を考えておけばよい．

アクセス制御の方法としては，アクセス制御行列を使用する方法と，ユーザをクラスに分類する方法とがある．**アクセス制御行列 (access control matrix)** あるいは**アクセスリスト (access list)** を使用した方法では，各ファイルに対してどの操作が可能かをユーザごとに定義してアクセス制御を行う．アクセス制御行列の要素 a_{ij} は，ユーザ i のファイル j へのアクセスが可能なとき 1，そうでなければ 0 となっている．ユーザがファイル操作を要求すると，システムはそのアクセス行列を調べる．当該ユーザが要求した操作に対応する行列要素が 1 のとき，アクセスが許可される．0 のときは，ファイル保護エラーを発生させる．多くのユーザおよびファイルが登録される場合は，この行列は非常に大きくなる．しかも，**疎行列 (sparse matrix)** となる．

この問題を解決するために，多くのシステムでは**ユーザクラス (user class)** の概念が使用されている．ユーザクラスの分類法としては，以下のものがよく使用される．

(1) 所有者 (owner) ファイルを作成したユーザを表す．

(2) グループ (group) 特定のプロジェクトごとにグループを構成する．この場合，グループのメンバーすべてにプロジェクトに関連したファイルのアクセスが許可される．

(3) 共有 (public) このクラスのファイルは，システムのすべてのユーザによってアクセスすることができる．普通，ユーザは，共有ファイルを読み出したり実行したりすることは許可されるが，書込みは禁止される．

この方法では，アクセス制御のために数個のフィールドしか必要としない．各フィールドは，クラスに対応しており，ビット列として構成される．各ビットは，そのビットに対応した操作を許可するか禁止するかを表す．たとえば，Unixのファイルシステムでは，おのおのがrwxの3ビットからなる所有者，グループ，他のすべてのユーザの3つのフィールドを使用している．rは読出し，wは書込み，xは実行を意味する．

6.7.2 バックアップと回復

ファイルシステムでは，偶然あるいは故意によるファイルの破壊に対処しなければならない．このためによく使用される方法は，周期的なバックアップである．すなわち，ファイルを定期的になんらかの記憶媒体にコピーしておく方法である．ファイルが破壊されたときは，バックアップ媒体からファイルをディスクに再ロードすることによって回復を行うことができる．しかも，ファイル回復時に，ファイルをディスク上の連続した領域に再配置することが可能となるといった利点もある．これにより，システム再開後は，以前よりもファイルアクセスが高速に行われるようになる．しかし，バックアップによる方法は万全ではない．バックアップと次のバックアップの間のファイルの更新が失われてしまう危険性があることによる．

この問題を解決するために，あるいは回復を高速に行うために，**インクリメンタルダンピング** (**incremental dumping**) と呼ばれる方法が使用される．この方法は，変更された部分のみをバックアップする方法である．インクリメンタルダンピングでは，ファイルに対する操作の**履歴** (**log**) を別のファイルに記録しておく．ファイルが破壊されたときは，この履歴に基づいてファイルが復元される．

バックアップの問題を解決する別の方法として，ファイルを格納するためのディスクを 2 重化した**ミラーリング** (**mirroring**) と呼ばれる方法が使用されることがある．ミラーリングでは，ファイルの更新はオリジナルとコピーが格納されている両方のディスクに同時に反映される．したがって，オリジナルが破壊されたときは，コピーが格納されているディスクを使用してファイルを回復すればよい．しかし，この方法でもオリジナルとコピーのディスクが同一システムに接続されているため，システムに障害が発生したときに，オリジナルとコピーの内容に違いが生じる可能性がある．また，ディスクの領域が 2 倍必要となる問題もある．

6.8 2次記憶の割付け技法

本節では，ファイルを格納するための2次記憶上の領域割付けの方法について説明する．2次記憶上の領域割付けの方法は，実記憶の割付けと基本的に大差はない．2次記憶の割付けは，実記憶の割付けと同様に，連続割付けと非連続割付けに分けることができる．

6.8.1 連続割付け

連続割付け (**contiguous allocation**) では，ユーザはファイル作成時に，そのサイズを指定しなければならない．ファイルが2次記憶上の連続した空き領域に割り付けられるので，あらかじめ必要な大きさを指定しておかないとあふれることがある．おのおののファイルのディレクトリには，先頭ブロックの番号とブロック数が格納される (図6.8参照)．

連続割付けにおいては，データが物理的に連続して格納されるため，データがその順番にアクセスされる場合は高速アクセスが可能となる．さらに，ディレクトリにはファイルの先頭ブロック番号とファイルのサイズを格納するだけ

ディレクトリ

ファイル名	先頭ブロック番号	ブロック数
F1	1	4
F2	8	3
F3	12	4

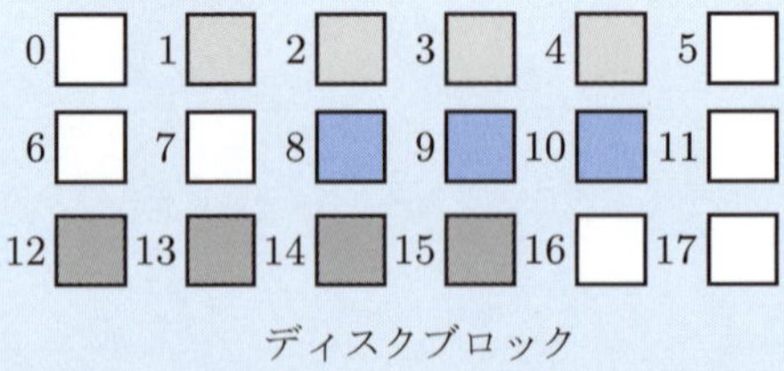

図6.8　連続割付け

でよいので，ディレクトリの作成および操作が容易となる．しかし，ファイルが削除される場合，そのファイルが使用していた 2 次記憶上の領域が新しいファイルの領域として再利用されることは保証されない．同じ大きさのファイルが作成されるとは限らないからである．したがって，連続割付けにおいては，実記憶の可変区画割付けと同様の断片化が問題となる．すなわち，隣接した 2 次記憶上の空きブロックを 1 つの大きなブロックに再編成するためのコンパクションが必要となる．

6.8.2　非連続割付け

ファイルは，時間とともにその大きさを動的に変化させるので，ファイルの大きさを予測することは不可能である．このような場合は，**非連続割付け (non-contiguous allocation)** が使用される．非連続割付けとしては，リンク割付けと索引割付けがある．

リンク割付け (linked allocation) では，ファイルは 2 次記憶上のブロックのリストとして構成される．ディレクトリの各エントリは，ファイルの先頭ブロックと最終ブロックの番号を保持している (図 6.9 参照)．各ブロックには，ファイルの内容とともに次のブロックの番号 (リストにおけるポインタ) が格納される．ファイルを作成する場合は，ディレクトリ内にそのファイルに対応した新しいエントリを追加するだけでよい．また，書込みを行う場合は，空き領域を見つけてそれに書込みを行い，ファイルの最後につなげばよい．ファイルの読出しを行う場合は，ブロック番号をたどりながら順に主記憶へ読み出せばよい．

リンク割付けでは，空き領域の断片化は生じない．さらに，ファイルを作成するときにファイルの大きさを指定する必要もない．しかし，ポインタを格納するために余分な領域が必要となる．また，ポインタが破壊された場合にファイルを回復することが困難となる．さらに，リンク割付けは，ファイルを逐次的にアクセスする場合は問題ないが，特定のブロックをアクセスするためには，当該ブロックに至るまでファイルの先頭から順次ポインタをたどりながら読出しを行わなければならないといった問題がある．

リンク割付けにおけるファイルの直接アクセスの問題を解決する方法として，**索引割付け (index allocation)** がある．索引割付けでは，すべてのポインタを1つのブロック，すなわち**索引ブロック (index block)** に格納することによって，直接アクセスを可能としている．索引割付けにおいては，各ファイルごとに索引ブロックが作成され，ディレクトリにその索引ブロックの番号が格納される (図2参照)．各ブロックのアクセスは，索引ブロックに格納されているポインタを使用して行われる．

索引割付けは，索引のための余分な領域が必要となる．すべてのファイルに索引を付けなければならないので，索引ブロックをできるだけ小さくしたい．しかし，索引ブロックを小さくし過ぎると，大きなファイルのためのポインタを格納することが不可能となる．大きなファイルを可能とするために，複数の索引ファイルをポインタでつなげることが考えられる．すなわち，索引ブロック自体にリンク割付けを適用することが考えられる．

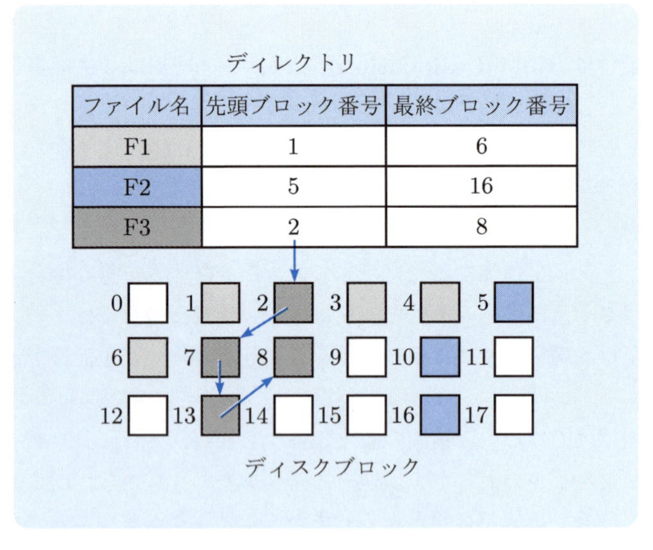

図 6.9 リンク割付け

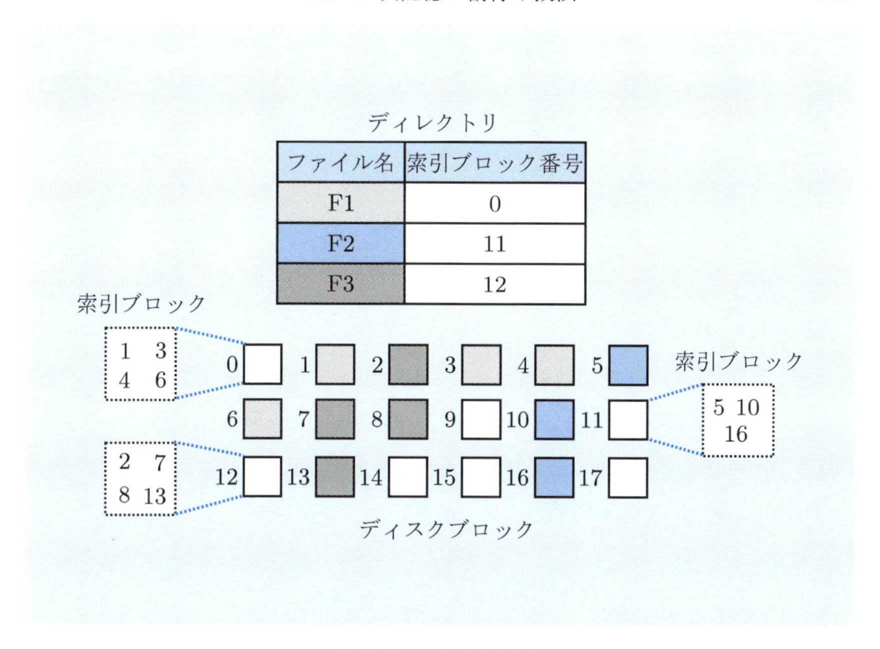
ディレクトリ
ファイル名
索引ブロック番号
F1
0
F2
11
F3
12
索引ブロック
1 3
4 6
2 7
8 13
0
1
2
3
4
5
6
7
8
9
10
11
12
13
14
15
16
17
索引ブロック
5 10
16
ディスクブロック

図 6.10　索引割付け

演習問題

□ **6.1 （レコードとブロック）** レコードとブロックに関する以下の用語について説明せよ．

(1)　ブロックレコードと非ブロックレコード

(2)　固定長レコードと可変長レコード

(3)　インターレコードギャップ

□ **6.2 （ファイルのオープンとクローズ）** ファイルのオープンおよびクローズ操作の目的は何か説明せよ．

□ **6.3 （バッファリングとブロッキング）** バッファリングおよびブロッキングとはどのようなものか説明せよ．

□ **6.4 （ファイル構造）** ファイル構造には，どのようなものがあるか．また，それらの長所と短所について説明せよ．

□ **6.5 （ディレクトリ）** ディレクトリには，どのような情報が格納されるか説明せよ．

□ **6.6 （ディレクトリ操作）** ディレクトリの操作にはどのようなものがあるか．また，ディレクトリの構造として，線形リスト，2分木，ハッシュテーブルが考えられるが，おのおのはファイルのどのような操作に適しているか．さらに，これら以外に構造としてどのようなものが考えられるか述べよ．

□ **6.7 （木構造ディレクトリ）** 木構造ディレクトリに関する以下の用語について説明せよ．

(1)　パス名　　(2)　完全パス名と相対パス名　　(3)　サーチパス

(4)　ルートディレクトリ　　(5)　カレントディレクトリ

□ **6.8 （ファイルの保護）** アクセス制御を行う場合，各ファイルに対してユーザ制御情報を持つ方法と，各ユーザに対してアクセス制御情報を持つ方法が考えられる．ファイルの使用環境を考えて，これら2つの技法を比較せよ．

□ **6.9 （ファイルのバックアップ）** ファイルのバックアップの方法にはどのような方法があるか説明せよ．

□ **6.10 （2次記憶割付け）** ファイルの2次記憶の割付けにおける連続割付けと非連続割付けが有効となる場面を挙げ，おのおのについて説明せよ．また，これらの割付け技法と主記憶の割付け技法の異なる点を挙げよ．

第7章 割込みと入出力の制御

本章では，オペレーティングシステムの構成要素の中でハードウェアを直接操作する部分である割込み，入出力，タイマの管理について説明する．割込み制御は，システムの外部あるいは内部で発生する種々の割込みを受け付け，その原因を解析し，対応する割込み処理を行う．入出力制御は，システムに接続されている入出力装置を効率良く使用できるよう，入出力操作をスケジュールする．さらに，ユーザが個々の入出力装置の詳細を意識することなく入出力操作を行うことを可能とするため，入出力装置を仮想化し，標準的な手順で入出力操作を行えるようにしている．タイマ管理は，ハードウェアのタイマ機構を使用して，現在時刻の管理，時間経過の監視や通知などを行う．本章では，これらの構成要素について説明する．

7.1 割込みの制御

7.1.1 割込みとは

ユーザプログラムで入出力要求を発行した場合，その入出力が完了したことを知る必要がある．それを知ることができなければ，その入出力に関連した次の処理が行えないからである．また，タイマの値がユーザが設定した時刻になると，そのことをプログラムに知らせることも必要となる．さらに，プログラムの実行中にエラーが発生した場合には，そのままプログラムを実行し続けても正しい結果は得られないので，プログラムを強制的に終了させなければならない．このような処理は，そのプログラム自体が行っているのではなく，オペレーティングシステムが行っている．したがって，入出力の完了，タイマの満了，エラーの発生などの事象が生じた場合は，プログラムから一旦オペレーティングシステムに制御を移行し，対応する処理を行わなければならない．このように，プログラムの実行中に発生した事象を検出し，そのプログラムとは別のプログラムに制御を移行することを**割込み (interrupt)** という．

7.1.2 割込みの種類

割込みには，外部割込みと内部割込みがある．外部割込みは，外部からCPUへ伝えられる割込みであり，入出力の完了やシステムの異常状態の発生などの外部的な事象によって引き起こされる．内部割込みは，ユーザプログラムを含めてシステムを構成する各プログラムが引き起こす割込みである．これらには，システムコール割込み，オーバフロー/アンダフロー，ゼロ除算などの割込みがある．以下に，一般的な割込みの種類を挙げる．

(1) システムコール割込み　実行中のプロセスによってシステムコールが発行されたときに発生する．システムコールは，入出力，主記憶の確保，プロセス間通信などのシステムサービスを要求するために使用される．

(2) 入出力割込み　入出力装置によって引き起こされる割込みであり，デバイスコントローラあるいは入出力装置の状態が変化したことをCPUに知らせるためのものである．入出力割込みは，たとえば，入出力操作が完了したとき，入出力装置やコントローラにエラーが発生したとき，入出力装置の準備ができたときなどに発生する．

(3) 外部割込み タイマに設定された時間量の満了，ユーザによる割込みキーの押し下げ (Unix では，CTRL+C)，センサからの信号の受信などの種々の外部的な事象によって発生する．

(4) プログラム割込み ゼロ除算，不当な命令コードの実行，不当なアドレスの参照などのように，実行中のプロセスによるエラーによって引き起こされる．**例外**と呼ばれることもある．

7.1.3 割込みの処理方式

オペレーティングシステムは割込みを契機に適切に処理する必要がある．しかし，割込みの発生は予測できず，割込み処理中に別の割込みが発生する場合もある．このような場合にも，割込みを取りこぼしたり，重要な割込み処理の開始が遅延したりしないようにする必要がある．

割込みの処理方式としては，図 7.1 に示すように 3 つの方式が考えられる．図 7.1(a) は，割込みが発生すると，すべての割込みを禁止して当該割込みのための処理を行う方式である．図 7.1(b) は，おのおのの割込みに対して優先度を設定し，処理をネストする方式である．割込みが発生すると，その割込みの優先度よりも低い優先度の割込みを禁止して当該割込みの処理を行う．割込み処理中に，より高い優先度の割込みが発生すると割込み処理がネストする．図 7.1(c) は，割込み処理の一部をプロセスとして処理する方式である．割込み処理のうち，カーネルから分離可能で，かつ複数の割込み処理の間で共有するデータにアクセスしない部分をプロセスとして構成する．割込みが発生すると，それをメッセージに変換して該当するプロセスに通知し処理を依頼する．最近では，図 7.1(d) のようにプロセスの代わりにカーネルモードで動作する**カーネルスレッド**で割込み処理の一部を実現しているオペレーティングシステムもある．

(a) の方式は，実現が容易でオーバヘッドも少ないが，割込み処理中に緊急を要する割込みが発生すると正しく対処できないか，あるいは割込みが消滅してしまう危険性がある．(b) の方式は，割込みの優先度が高いほど，割込み禁止時間が短く応答性が高くなる．したがって，緊急を要する割込みに高い優先度を割り付けることによって，それらに速やかに対処することが可能となる．しかし，割込みのネスト処理のためのオーバヘッドが伴う．(c) の方式は，(b) の方式よりもさらに割込み禁止時間の短縮を図ったものである．割込みがプロセ

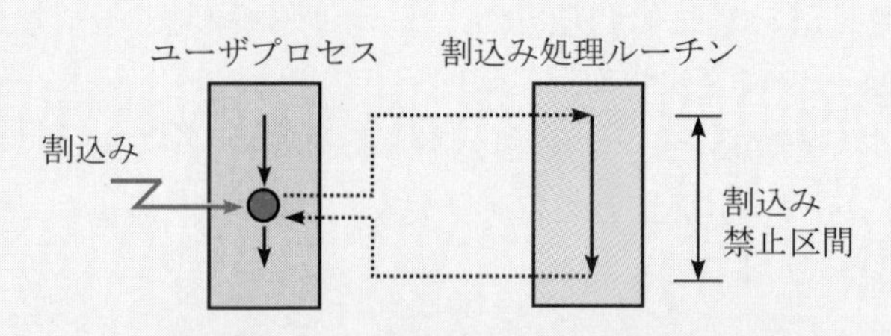

(a) すべての割込みを禁止する方式

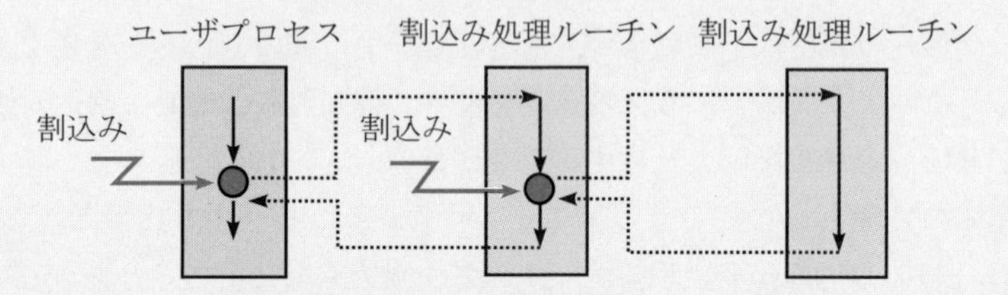

(b) 割込み処理のネストを可能とする方式

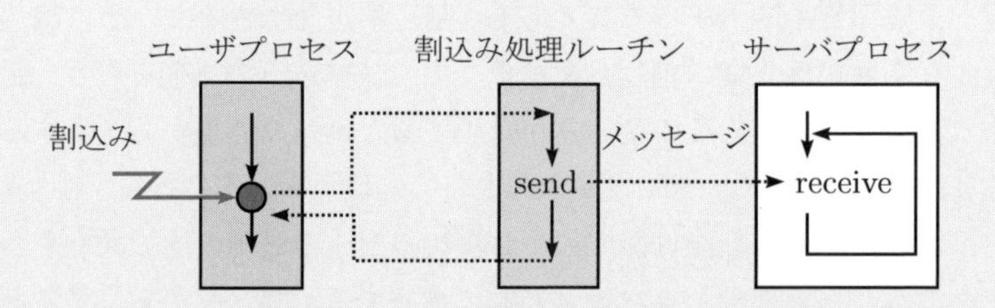

(c) 割込み処理の一部をプロセスとして処理する方式

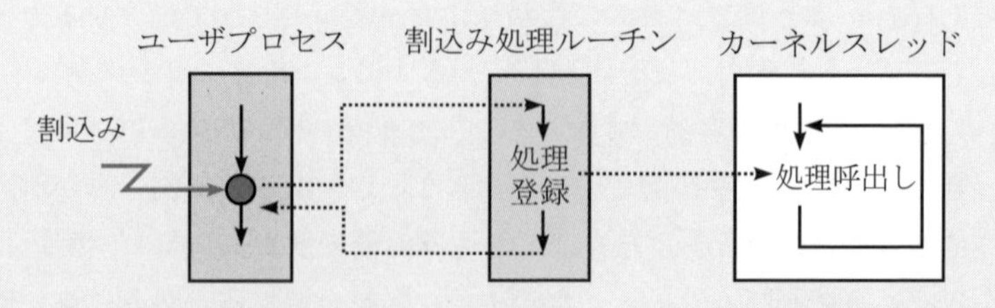

(d) 割込み処理の一部をカーネルスレッドで処理する方式

図 7.1 割込みの処理方式

スで処理されている間，すべての割込みが許可されるため，複数の割込みに対する応答性は向上する．しかし，割込みをメッセージに変換してプロセスに通知するためのオーバヘッドが伴う．(d) の方式は (c) のオーバヘッドを軽減することができる．ただし，カーネルスレッドの機能をオペレーティングシステムが有している場合に限られる．以上のようにおのおのの方式には一長一短があるが，(b) の方式が一般的に使用されている．

7.1.4　割込み原因の解析

割込みが発生すると，その割込みの原因を解析し，対応する処理ルーチンへ制御を移行しなければならない．この処理を行うのが，**割込みハンドラ** (**interrupt handler**) である．割込みハンドラの構成法としては，図 7.2 に示す 2 つが考えられる．

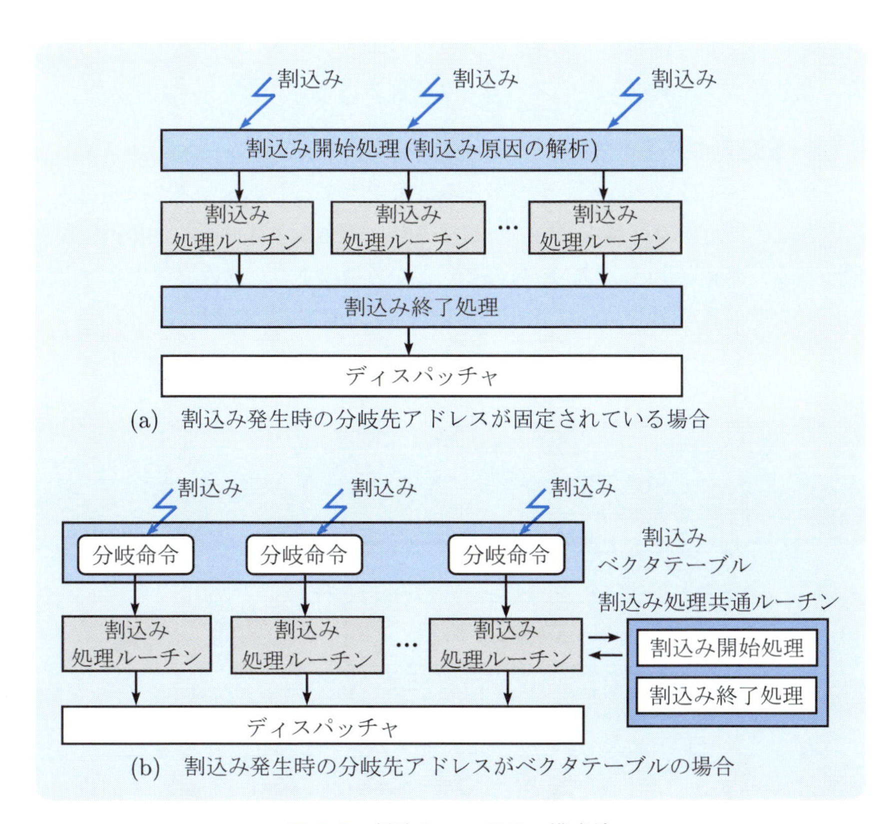

(a)　割込み発生時の分岐先アドレスが固定されている場合

(b)　割込み発生時の分岐先アドレスがベクタテーブルの場合

図 7.2　割込みハンドラの構成法

図 7.2(a) では，割込み発生時の分岐先アドレスが特定のアドレスに固定されているので，割込みハンドラはどの割込みが発生したかを解析しなければならない．図 7.2(b) では，割込みが発生するとその割込みに対応するベクタテーブルのエントリにジャンプする．ベクタテーブルのエントリには，割込み処理ルーチンへの分岐命令が格納されている．したがって，割込みが発生すると自動的に対応する割込み処理ルーチンへ制御が移行する．この方法は，マイクロプロセッサに多く用いられている．

外部割込みは (b) の方法を使用して処理されるが，内部割込みに関しては (a) の方法を使用しているものが多い．たとえば，システムコールなどは種類が多いため，1 つずつベクタテーブルのエントリに対応させることが困難である．したがって，システムコールの追加を容易にするために，システムコールの割込みは 1 種類の割込みとし，それに 1 つのエントリを対応させるようにしている．システムコールの種別は，システムコールの命令コードに埋め込まれているので，それによって処理ルーチンへの分岐制御を行うことができる．

7.1.5　割込みの許可と禁止

一般に，割込み処理のために，割込み許可フラグと割込みマスクが使用される．割込み許可フラグは 1 ビットで構成され，割込みの許可と禁止の指定に使用される．割込みマスクは，複数のビットから構成され，おのおののビットに対応した割込み信号を有効にするか無効にするかの指定に使用される (図 7.3 参照).

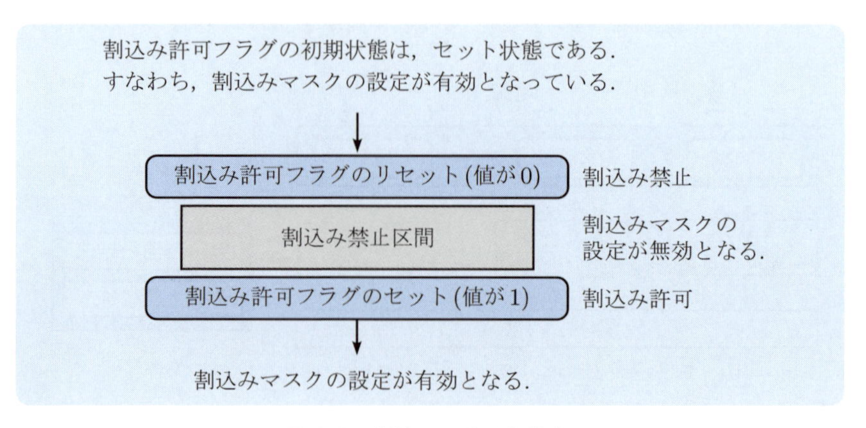

図 7.3　割込みの許可と禁止

割込み許可フラグがリセットされている場合，すなわち値が 0 の場合はすべての割込みが禁止される．割込み許可フラグがセットされている場合，すなわち値が 1 の場合は割込みマスクを構成する各ビットの設定が有効となる．割込みマスクの各ビットは，その値が 0 のとき割込み信号を有効化し，その値が 1 のとき割込み信号を無効化する．

割込みマスクは，割込み信号の有効/無効化だけでなく，割込みの優先度の管理，すなわち割込みのネスト処理にも使用することができる (図 7.4 参照)．その場合は，割込みマスクを構成する各ビットに優先度を対応付ければよい．そして，ある優先度以下の割込みを無効にするには，当該優先度以下の割込みに対応したマスクビットの値を 1 に設定し，さらに当該優先度よりも高い優先度の割込みに対応したマスクビットの値を 0 に設定すればよい．

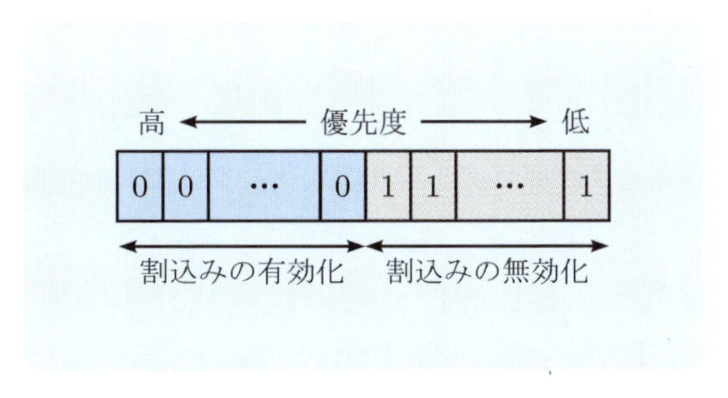

図 7.4　割込みマスクによる割込みの優先度の設定

7.1.6　割込み処理の流れ

これまで，割込みの原因の解析や割込みの許可と禁止などの個別の事項について説明してきた．ここでは，割込み処理の全体の流れについて説明する．割込み処理の流れをまとめると，以下のようになる．

(1)　割込みを受け付けるか否かを決定する．現在処理中の割込みよりも高い優先度を持つ割込みは受け付けられ，割込みがネストする．低い優先度の割込みは，許可されない．

(2)　割込みが受け付けられると，割込み許可フラグをリセットし，すべての割込みを禁止する．これは，割込み処理を不可分に実行するためである．そして，後のネスト処理のために当該優先度以下の割込みを無効化する．

(3) 割込み状態の退避用のスタックに当該割込みに関する情報がプッシュされる．これは，割込み処理のネストに備えるためである．

(4) 割込みを発生させたプロセスのプロセス制御ブロックに，プログラムカウンタやレジスタなどを退避する．

(5) 割込み許可フラグをセットし，割込み許可状態にする．ただし，割込みマスクには，当該割込みの優先度が設定されているので，これよりも高い優先度を持つ割込みしか許可されない．

(6) 割込み処理ルーチンに分岐し，割込みの種類に対応した処理を行う．

(7) 処理が終了すると，当該割込みの無効化を解除する．

(8) 割込みがネストされているか否かを調べる．ネストされている場合は，割込み状態の退避用スタックをポップし，ネスト前の状態を回復する．そして，当該割込み発生前の割込み処理ルーチンにおいて実行されていた命令の次の命令に分岐する．

(9) ネストされていない場合は，ディスパッチャに制御が移行し，最も高い優先度のプロセスのプログラムカウンタとレジスタを回復し，プログラムを続行する．

割込みの処理が完了すると，割込み発生時点で実行中であったプロセス，あるいは最高の優先度を持つ実行可能状態のプロセスのいずれかがディスパッチされる．これは，割り込まれたプロセスが横取り可能なプロセスであるか横取り不可能なプロセスであるかに依存している．プロセスが横取り不可能な場合は，そのプロセスは再びCPUを獲得する．プロセスが横取り可能な場合は，そのプロセスは自分よりも優先度の高い実行可能状態のプロセスが存在しないときにのみCPUを獲得する．

7.2 入出力の制御

計算機システムに接続される入出力装置には，ディスク，マウス，プリンタ，キーボード，端末，ネットワークインタフェースなど多様なものがある．入出力制御は，これらすべての入出力装置に対する入出力操作を行う．入出力操作とは，入出力装置と主記憶の間でデータを転送し合うことである．入出力制御は，入出力を要求した各プロセスに入出力装置を割り付け，システムに接続されている入出力装置の共有を管理し，システム全体として効率良く動作するようスケジュールする．また，入出力装置のインタフェースを仮想化し，どのような装置に対しても一様なインタフェース，すなわち装置独立なインタフェースをプロセスに提供する．

7.2.1 入出力装置

入出力装置は，ディスクのようにブロックを単位として読み書きを行う装置と，端末やネットワークインタフェースのように文字を単位として読み書きを行う装置に分けることができる．前者は**ブロック型デバイス (block device)** と呼ばれ，後者は**文字型デバイス (character device)** と呼ばれる [*1]．ブロック型デバイスは任意の位置にあるブロックを読み書き可能であるが，文字型デバイスは逐次的にしかデータを読み書きできない．

入出力装置にはこの他にも固有の特性があり，その部分まで含めて入出力制御ですべて処理を行うことは得策ではない．これは，システムに接続されている入出力装置が置き換えられたり，追加あるいは切り離されることがあり，そのたびに入出力制御を書き換えることが事実上不可能なことによる．したがって，装置固有の処理を行う**デバイスドライバ (device driver)** と呼ばれるプログラムを個々の装置ごとに作成し，システムに登録することが考え出された．このように，入出力制御は入出力に関して共通の処理を行い，装置固有の処理はデバイスドライバで行われる．換言すれば，入出力制御は**装置独立 (device independence)** であり，デバイスドライバは**装置依存 (device dependence)** であるといえる．

[*1] ここでは，装置とデバイスは同義である

7.2.2 ディスクの構成

ディスクは，**シリンダ** (**cylinder**) と**トラック** (**track**) によってアドレス付けされる (図 7.5(a) 参照)．シリンダは，複数のトラックの集合である．シリンダ数およびトラック数は，ディスク装置によって異なっている．各トラックは，さらに，**セクタ** (**sector**) に分割されている．セクタは，ディスクから読み出したりディスクへ書き込んだりする情報の最小単位である．セクタをアクセスするためには，シリンダ，トラック，セクタの 3 つの番号からなるディスクアドレスを指定しなければならない．

ディスクへの入出力が要求されると，まず，読取り/書込みヘッドが適切なトラックに移動する．この移動を**シーク** (**seek**) と呼び，その時間を**シーク時間** (**seek time**) と呼ぶ．次に，適切なシリンダに電子的に切り換わり，要求したセクタがヘッドの下に回転してくるまで待つ．この時間を**遅延時間** (**latency time**) という (図 7.5(b) 参照)．こうして，セクタの主記憶への転送が始まる．

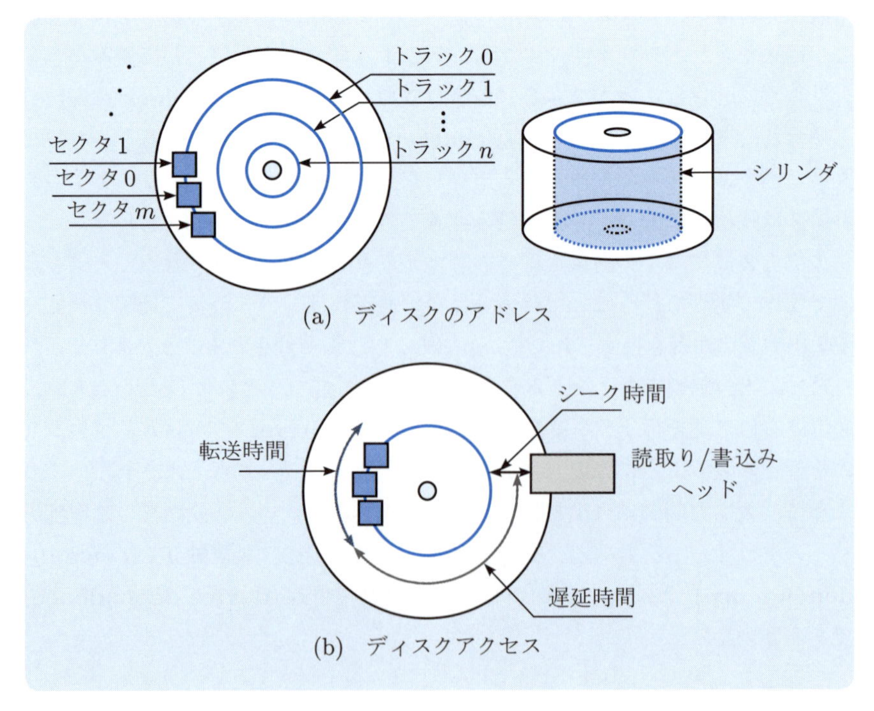

図 7.5 ディスクの構成

7.2.3　デバイスコントローラ

入出力装置と主記憶の間のデータ転送やそれらの制御を行うためには，これらの間にあって主記憶のデータを読み出して入出力装置に送ったり，入出力装置から送られてくるデータを受け取って主記憶に格納するための装置が必要になる．この装置は，**デバイスコントローラ (device controller)** と呼ばれている．パーソナルコンピュータやワークステーションでは，図 7.6(a) に示すように単一のバスを介してデバイスコントローラと CPU および主記憶が接続されている．一方，汎用大型の計算機システムではこれらと異なって，図 7.6(b) に示すように**チャネル (channel)** と呼ばれる入出力専用のプロセッサを介して CPU および主記憶と接続される．

入出力操作は，デバイスコントローラを制御する命令であるコマンドからなる．コマンドは，各入出力装置の 1 つの動作に対応している．一般に，入出力操作は，複数のコマンドの系列を実行することにより実現される．たとえば，ディスク上のブロックの読出しは，ディスクのシークや読出しを行うコマンドの

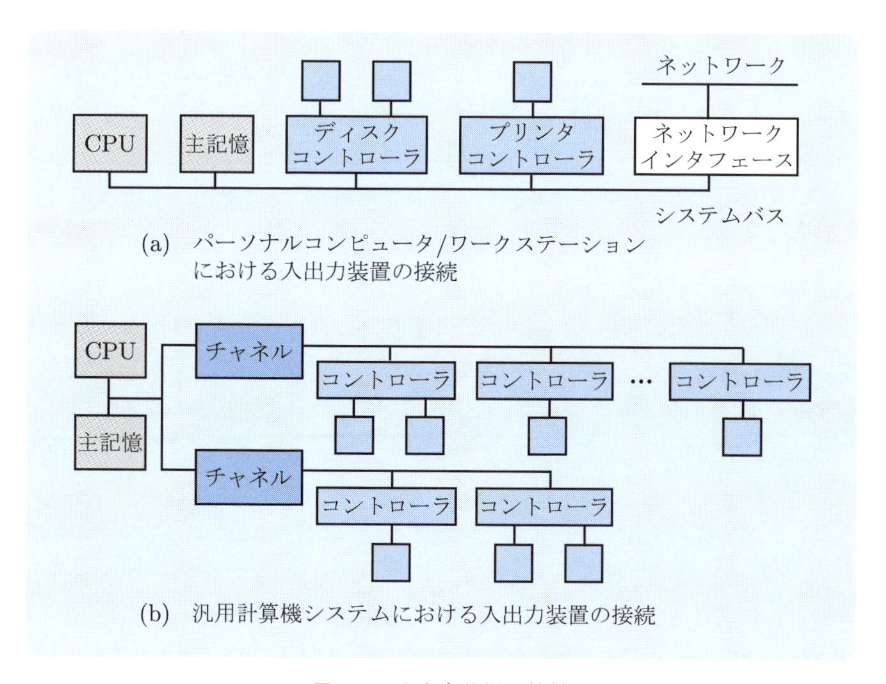

図 7.6　入出力装置の接続

系列によって実現される．このようなコマンドの系列は，**コマンドプログラム (command program)** あるいは**チャネルプログラム (channel program)** と呼ばれる．

デバイスコントローラには，いくつかのレジスタがあり，CPU との間の通信に使用される．このレジスタがアドレス空間の一部になっている場合もある．これは，**メモリマップ型入出力 (memory-mapped I/O)** という．CPU(すなわち，その上で実行している入出力制御) は，主記憶上に格納されているコマンドプログラムからコマンドを順次取り出してこのレジスタに書き込むことにより入出力を行う．あるいはデバイスコントローラがコマンドプログラムからコマンドを自ら取り出して入出力を行う方式もある．

7.2.4　直接メモリアクセス

主記憶と入出力装置の間のデータ転送の方式として，**プログラム方式の入出力**がある．これは，すべてのデータ転送を CPU が行う方式であり，プリンタや端末のような速度が遅い文字型デバイスで使用される．たとえば，文字を印刷する場合には，CPU は主記憶からデータを読み出し，デバイスコントローラの特定のレジスタまたはバッファにそのデータを書き込む．その後，プリンタを起動してデータを印刷し，出力完了の割込みを待つ．文字を入力する場合も同様の処理を行う．CPU は，入出力装置を起動し，レジスタまたはバッファにデータが入るまで待つ．すなわち，入力完了の割込みを待つ．

以上のように CPU が入出力に関わるすべての処理を行うのは，CPU 時間を浪費することになる．特に，CPU がデータ転送を直接行うのは効率が悪い．これを回避するために考え出されたのが**直接メモリアクセス (DMA: Direct Memory Access)** である．DMA では，デバイスコントローラが主記憶に直接アクセスできるようにすることで，CPU によるデータ転送の問題をなくしている．DMA は，高速な入出力を必要とするブロック型デバイスで主に使用される．DMA では，CPU は単に入出力操作を起動するだけで，デバイスコントローラが装置の操作を管理する．したがって，CPU はこの間に他の命令を実行することができる．すなわち，DMA では，CPU は他の処理を入出力動作と並行して続行することが可能となる (図 7.7 参照)．

DMA の例として，ディスクからのブロックの読出しを考える (図 7.8 参照)．

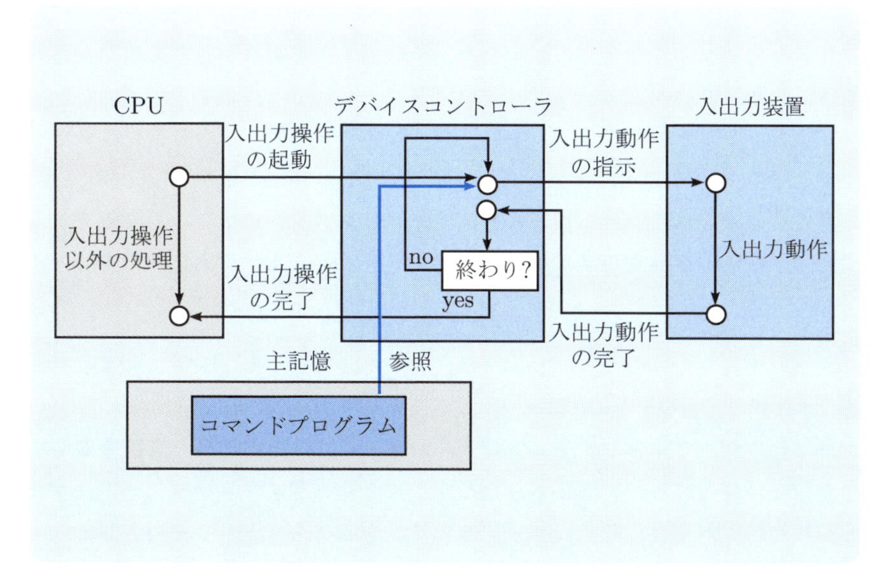

図 7.7　DMA の動作概念

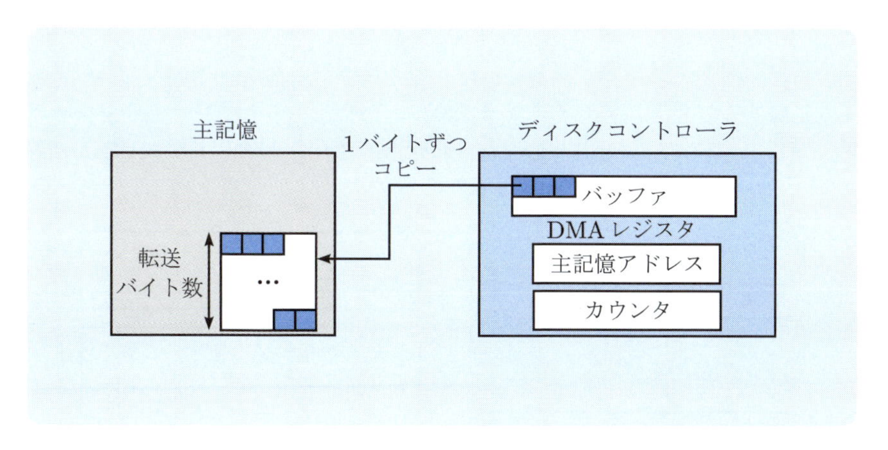

図 7.8　ディスクコントローラにおける DMA の動作例

この場合，CPU は読み出すブロックのディスク上のアドレス，読み出したブロックを格納する主記憶上のアドレス，転送バイト数を指定して入出力を起動する．ディスクコントローラは，入出力が起動されると，先ずディスクからブロックをバッファへ転送する．次に，バッファの先頭のバイトを指定された主記憶上のアドレスにコピーする．その後，DMA のカウンタから 1 を引く．この操作を要求されたバイト数分繰り返す．カウンタがゼロになった段階で，入出力完了割込みを発生させ，制御をオペレーティングシステムに移行する．

7.2.5　入出力ソフトウェアの階層と処理の流れ

入出力を行うためのソフトウェアは，図 7.9 に示すような階層から構成される．ユーザは，プログラムの中で入出力を行いたい場合は，read や write といった抽象化されたインタフェースを使用すればよい．入出力装置を直接操作する必要はない．これらの抽象化された操作は，実行時ライブラリとして提供されており，入出力を行うためにユーザプログラムとリンクされて使用される．

ユーザプログラムから入出力操作が要求されると，対応する実行時ライブラリの手続きから入出力用のシステムコールが発行され，割込み制御を経由して入出力制御に処理が依頼される．入出力制御では，当該入出力の対象となる入出力装置をプロセスに割り当て，デバイスドライバに対して入出力を起動するよう依頼する．以降，デバイスドライバは，デバイスコントローラのレジスタにコマンドを設定し，入出力動作が行われる．これをコマンドプログラムが終

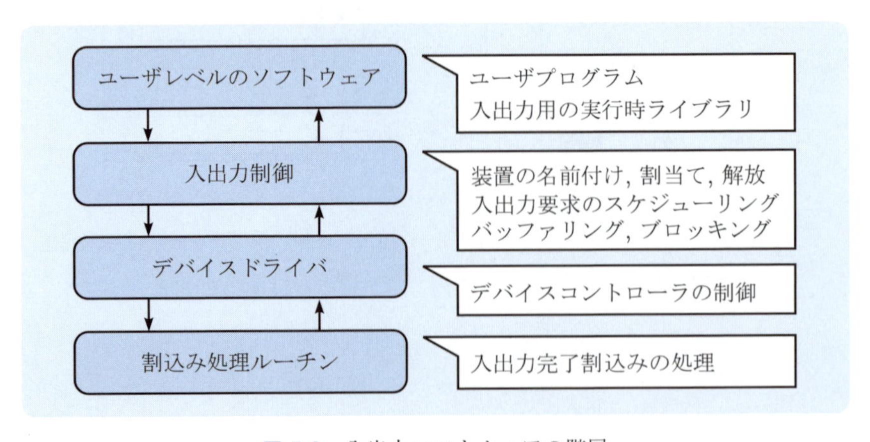

図 7.9　入出力ソフトウェアの階層

了するまで繰り返す．おのおのの入出力動作が完了するたびに割込みが発生し，割込み処理ルーチンを経由してデバイスドライバに制御が戻る．すべてのコマンドが終了すると，デバイスドライバから入出力制御に戻る．入出力制御では当該入出力要求の終了処理を行い，ユーザプログラムに制御が戻される．

以上が入出力処理の概要であるが，ユーザプログラムにおいて入出力を要求した後の処理として 2 つの形態が考えられる．1 つは入出力が完了するまで，すなわち入出力の完了割込みが発生するまで待つことである．これは，**同期入出力** (**synchronous I/O**) と呼ばれ，通常の入出力の形態である．もう 1 つは，入出力を開始した後に直ちにユーザプログラムへ制御を戻す形態である．これは，**非同期入出力** (**asynchronous I/O**) と呼ばれ，ユーザプログラム側で入出力の完了との同期をとらなければならない．

7.2.6 バッファリングとスプーリング

機械的な入出力装置の速度は CPU に比べて極端に遅い．したがって，入出力が行われている間，その完了を待っている CPU はアイドル状態になることが多い．この問題に対する解として，**バッファリング** (**buffering**) と**スプーリング** (**spooling**[*2]) の概念が考え出された．

6 章で説明したように，バッファリングは CPU と入出力装置の両方を常に動作状態にしようとするものである．データを読み出し CPU がそのデータの処理を始めようとするとき，デバイスコントローラに直ちに次のデータの入力の開始を知らせる．したがって，CPU と入出力装置はともにビジーとなる．運が良ければ，CPU が次のデータに関して準備ができるまでに，コントローラは次のデータの読出しを終了している．CPU は，準備が終了すると，直ちに新しく読み出されたデータの処理を開始することができる．一方，コントローラは次のデータの入力を開始している (図 7.10 参照)．以上のことは出力に関しても同様である．

スプーリングは，入出力装置を特定のプロセスが長時間占有することを回避するための方法である．スプーリングは，特に出力装置の場合に有効である．たとえば，プリンタにデータを出力する場合や，ネットワーク経由でデータを転送する場合などである．この場合，それらのコントローラに対してすべてのデータが出力されるまで待つのは効率が悪い．しかも，その間コントローラを

[*2]spool は，Simultaneous Peripheral Operation On-Line の略である．

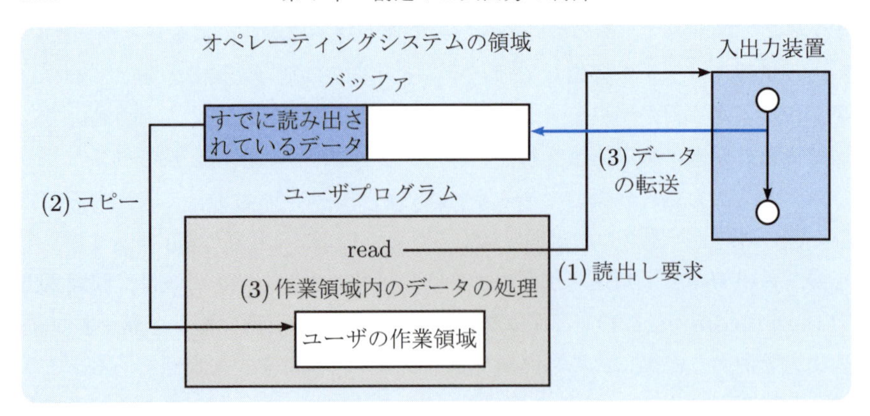

図 7.10 バッファリング

占有することになるので，同じコントローラに要求を出している他のプロセスの実行にも影響を与える．そこで，これらのコントローラへの出力を直接行わないで，一旦ディスクに出力することとし，コントローラが空きとなった段階で実際に出力することが考えられる (図 7.11 参照).

スプーリングを管理する制御プログラムは，**スプーラ (spooler)** と呼ばれる．スプーリングは，入力に関して可能な限り先行して読出しを行う．また，出力に関してはそれが可能となるまで出力結果をディスクに格納しておく．これにより，入出力を要求しているプロセス自体の待ち時間が短くなり，しかも入出力装置や CPU の利用率も向上する．

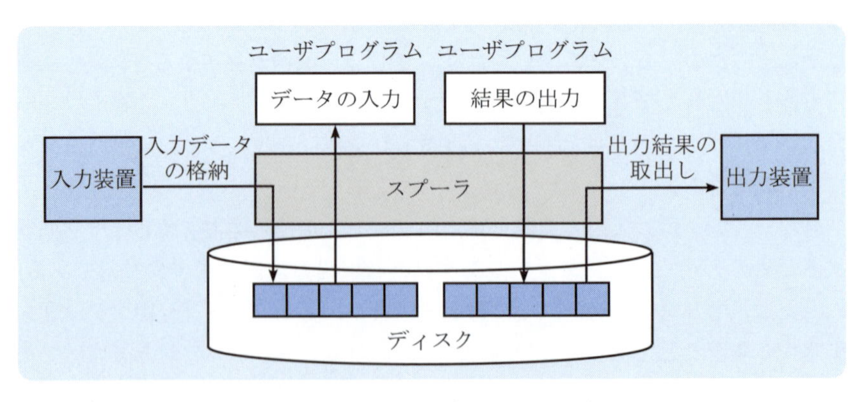

図 7.11 スプーリング

7.2.7 装置管理ブロック

入出力制御では，個々の入出力装置の状態を管理するために，**装置管理ブロック (DCB: Device Control Block)** と呼ばれるシステムテーブルが使用される．DCB に設定される項目には，以下のようなものがある．

(1) 装置の識別子
(2) 装置の状態
(3) 装置の特性 (記録密度，入力専用，出力専用など)
(4) 入出力回数
(5) 入出力要求ブロックのキューの先頭へのポインタ
(6) 入出力要求ブロックのキューの末尾へのポインタ

入出力が要求されると，その要求に関する情報を保持しておくための**入出力要求ブロック (IRB: I/O Request Block)** が生成され，対応する装置の DCB のキューにつながれる．IRB には，当該入出力のコマンドプログラムのアドレスや，入出力を要求しているプロセスのプロセス制御ブロックへのポインタが格納される．

入出力割込みが発生したとき，どの入出力装置の割込みかを最初に識別する．それから，当該装置のどの IRB に対応する割込みかを調べるためにキューをたどる．そして，割込みの発生を反映するべくその IRB の項目を変更する．ほとんどの装置に関しては，割込みは入出力要求の完了を知らせるものである．その装置に関してさらに要求が存在する場合は，次のコマンドを開始する．最終的に，入出力操作が完了し IRB がキューからはずされる．

7.3 タイマ管理

タイマは，種々の処理の時間監視に必要となる．たとえば，プログラムが無限ループに陥ったり入出力装置の異常などにより，制御をオペレーティングシステムへ戻すことが不可能となる場合がある．このような状況を回避するためには，ある一定の時間をタイマに設定しておけばよい．その時間が満了するとタイマ割込みが発生し，オペレーティングシステムに制御を戻すことが可能となる．

タイマ機構は，ハードウェアのクロックとカウンタを使用して実現される．カウンタの代わりに主記憶上の領域が使用される場合もある．たとえば，10ビットカウンタは，クロックの精度が1ミリ秒の場合には，1ミリ秒から1024ミリ秒までの時間を刻むことになる．クロックが時間を刻むたびに，カウンタから1が引かれる．カウンタがゼロになったとき，タイマ割込みが発生する．**タイマ管理**は，この割込みを利用して，現在時刻の管理，時間経過の監視や通知を行う．本節では，タイマ管理の機能と処理の流れについて説明する．

7.3.1 タイマ管理の機能

タイマ管理は，タイマ割込みがあるたびにオペレーティングシステム内のタイマ管理用のテーブル内にあるシステム時刻に1を加える．すなわち，システム内の時間が刻まれる．このシステム時刻を基本として，システム内のすべての時間経過が管理される．タイマ管理の機能には，以下のものがある．

(1)　ユーザ時刻の登録と更新　プログラムの実行時間の測定，あるいは一定時間経過後の処理の起動など，ユーザは個別に自分自身のための時計を管理したい場合がある．この場合，ユーザはタイマ管理用のシステムコールを使用してオペレーティングシステムにユーザ時刻を登録する．タイマ管理は，要求された時刻からユーザの時計を刻むことになる．以降は，ユーザは登録した時計を参照することによって，自分用の時刻を管理することが可能となる．

(2)　プロセスの一定時間の停止および経過の通知　タイマ管理は，プロセスの一定時間の停止用あるいは経過通知用のシステムコールが発行されると，その時点から時間監視を開始し，指定された時間量が満了すると，それぞれ当該プロセスを起床あるいはプロセスに通知する．

(3)　プロセスへの信号の周期的な送信　タイマ管理は，周期的な送信を待っているプロセスに信号を送信する機能を提供している．周期的な送信は，プロセス側で一定時間の停止機能を繰り返し使用することによっても実現可能である．

(4)　入出力装置の監視　タイマ管理では，入出力動作の異常状態を検知するために，周期的に入出力装置の状態を監視する機能も提供している．入出力が起動された後，あらかじめ決められた時間が経過しても完了割込みが発生しない場合，入出力動作を何回か再試行する．この結果，回復できない場合はエラーとしてプログラムに通知する．

7.3.2　時間の監視法

中断されたプロセスの一定時間後の再開，特定のプロセスへの周期的な同期信号の送信，入出力装置の時間監視などは，タイマ管理用のキューによって実現される．時間監視がシステムに要求されると，タイマ管理はキューにその情報をつなぐ．このキューのおのおのの要素は，**タイマ管理ブロック**あるいは**時間待ちブロック**などと呼ばれるシステムテーブルとして実現される．

オペレーティングシステムは，まず，システムの起動時にシステム時刻をゼロに設定する．次に，タイマ機構の初期化を行う．すなわち，タイマ割込みの発生間隔の設定やタイマの初期値の設定を行う．以降は，こうして設定された間隔ごとに割込みが発生する．

タイマ割込みが発生すると，タイマ管理に制御が移行する．タイマ管理は，システム時刻を更新し，タイマ管理ブロックのユーザ時刻と比較する．ユーザ時刻がシステム時刻よりも大きい場合は，登録された時間が満了していないので何も行わない．ユーザ時刻がシステム時刻よりも小さいか等しい場合は，時間が満了しているので，タイマ制御ブロックをキューからはずし，時間満了を当該プロセスに通知する．ただし，周期的な監視を行う場合は，タイマ制御ブロックをキューからはずさずに，ユーザ時刻を次の周期の終わりの時刻に再設定し，周期満了を当該プロセスに伝える (図 7.12 参照).

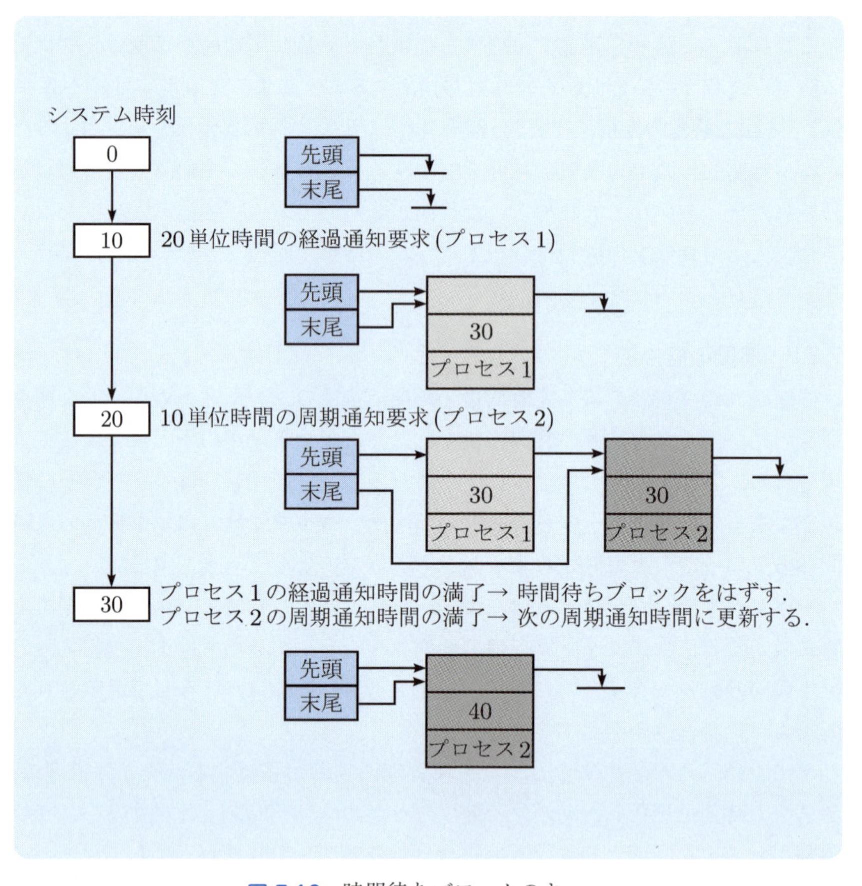

図 7.12 時間待ちブロックのキュー

演習問題

□ **7.1 （割込みとは）** 割込みの概念について，割込みが必要な場面を挙げて説明せよ．計算機システムに限らず，実世界の例を挙げてもよい．

□ **7.2 （割込みの種類）** 計算機システムにおける割込みの種類を挙げよ．

□ **7.3 （割込み処理方式）** 割込みの処理方式として，どのような方式が考えられるか．また，その方式の長所および短所について説明せよ．

□ **7.4 （割込みハンドラの構成法）** 割込みハンドラの構成法について説明せよ．また，割込み処理を効率良く行うためにはどのようなハードウェアのサポートが有用かについて論ぜよ．

□ **7.5 （ディスク）** ディスクに関する以下の用語について説明せよ．

(1)　シリンダ

(2)　トラック

(3)　セクタ

(4)　シーク

(5)　遅延時間

□ **7.6 （デバイスコントローラ）** デバイスコントローラはなぜ必要になるか説明せよ．また，コマンドおよびコマンドプログラムについて説明せよ．

□ **7.7 （DMA）** 直接メモリアクセスとは何か．さらに，その利点は何か説明せよ．

□ **7.8 （入出力用のソフトウェア階層と処理の流れ）** 入出力用のソフトウェアの階層と入出力処理の流れの概要について説明せよ．

□ **7.9 （同期入出力と非同期入出力）** 同期入出力と非同期入出力について説明せよ．また，それらが使用される場面を挙げよ．

□ **7.10 （バッファリングとスプーリング）** バッファリングとスプーリングについておのおの説明せよ．

第8章

仮想化技術

仮想化技術は，実体を有する 1 台の計算機上に，複数の論理的な計算機 (これを**仮想計算機**と呼ぶ) を同居させる技術である．個々の仮想計算機には個別のオペレーティングシステムをインストールして動作させることができる．また，個々の仮想計算機の資源量は論理的に調整が可能であるため，設置や運用のためのコストや利用者が必要とする性能に合わせて柔軟に調整できる．仮想化技術は，古くはメインフレームで採用されていたが，現在ではデスクトップコンピュータにも広く使われている．さらに，組込み機器にも広がっていこうとしている．本章では，仮想化技術をオペレーティングシステムと対応付けながら説明する．

8.1 仮想化の基本概念

オペレーティングシステムは，プログラムを1つしか動作させられない計算機であっても，ハードウェア資源を複製したり抽象化することによって複数のプロセスを動作させている．具体的には，図8.1(a)にあるように，オペレーティングシステムは，CPUの**システムISA**[*1](**Instruction Set Architecture**)を**システムコール**(**ABI: Application Binary Interface**とも呼ばれる)へ抽象化し，**ユーザISA**[*2]とともにプロセスへ提供している．また，並行処理は，CPUの論理的な複製に相当する．主記憶は，CPUが持つ仮想記憶機能によってアドレス空間が複製され，プロセスはユーザISAを通じてそれを利用できる．その他のデバイスは，オペレーティングシステムによってファイルやソケットに抽象化されるとともに，複数のプロセスで共有できるように複製され，ABIを通じてプロセスに提供される．

仮想化は，**仮想計算機**(**VM: Virtual Machine**，**仮想マシン**とも呼ぶ)を実現し，そこでオペレーティングシステムを動かし，さらにそのオペレーティングシステムの上でプロセスを動作させることである．VM上で動作するオペレーティングシステムは特に**ゲストオペレーティングシステム**(以下，**ゲストOS**)と呼ばれる．図8.1(a)のように，オペレーティングシステムとプロセスを動作させるには，システムISAとユーザISAの両方が必要となるが，ゲストOSとプロセスも同様である．これを実現するために，仮想化では図8.1(b)に示すように，**仮想計算機モニタ**(**VMM: Virtual Machine Monitor**，**仮想マシンモニタ**とも呼ぶ)がハードウェア資源を複製してISAをVMへ提供する．この方式では，ハードウェアのISAをそのままVMへ提供すれば良いため実現が容易そうに見えるが，複数のOSに共有されることを想定していないハードウェアの扱いには工夫が必要となる．これは，アドレス空間がシステム内で唯一である実記憶についても同様である．なお，VMMは**ハイパーバイザ**

[*1]CPUがオペレーティングシステム向けにカーネルモードで提供している命令群(特権命令)や，そのためのレジスタ群．仮想記憶の管理などメモリ管理，プロセス管理，入出力や割り込み管理のための命令やそのためのコントロールレジスタからなる．

[*2]ユーザモードで提供されるCPUの命令群およびそのためのレジスタ群．ロード，ストア，演算，分岐などの命令や汎用レジスタからなる．

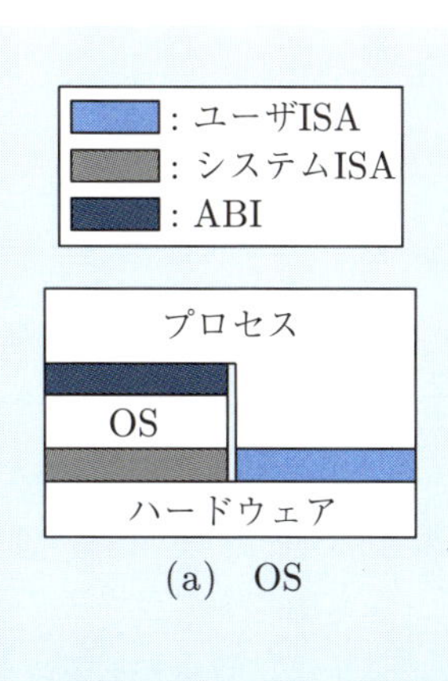

(a)　OS

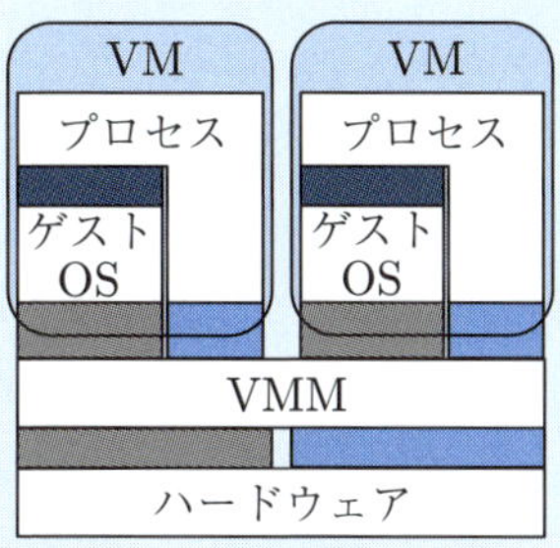

(b)　Type I VMM

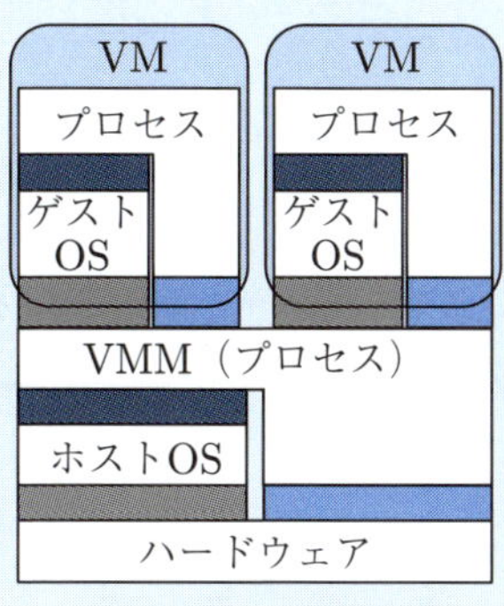

(c)　Type II VMM

図 8.1　インタフェースから見た仮想化

(**hypervisor**) と呼ばれることもある．図 8.1(b) のような方式は Type I と呼ばれ，原則としてはゲスト OS が個々のハードウェアを直接扱うため，VMM ではハードウェアの抽象化は行わない．

別の仮想化の実現方式として図 8.1(c) に示す Type II もある．VMM が VM へシステム ISA とユーザ ISA を複製して提供する点では同じであるが，VMM をプロセスとして実現している点が異なる．VMM が動作しているオペレーティングシステムを，特に**ホストオペレーティングシステム** (以下，**ホスト OS**) と呼ぶ．この方式では，ホスト OS によってシステム ISA が ABI に抽象化されているものを，再度システム ISA として提供しなおさなければならないため，VMM はハードウェアエミュレーション機能を実現する必要がある．なお，VMM が ISA をまったく別のアーキテクチャに置き換えるものもある．この場合は単に **CPU エミュレータ**と呼ばれることが多いが，仮想化の一種である．

いずれのタイプにおいても，その実現には次の課題がある．

- ゲスト OS が特権命令を用いる．
- 実記憶はアドレス空間が唯一であり共有ができない．
- ゲスト OS 間でデバイスの共有を実現しないといけない．

特権命令はシステム全体に影響する設定が可能であるため，特定のゲスト OS が実行した場合，その動作が他のゲスト OS に影響を与える可能性がある．実記憶は，各ゲスト OS が領域を区切って使用すれば容易に共有が可能となるが，オペレーティングシステムは実記憶の全体を使用可能であると仮定して構築されている．デバイスは，一般に，唯一のオペレーティングシステムによって管理される前提となっており，単純に共有することはできない．また，各デバイスは機能とインタフェースがともに固有であり，共通的な対処が困難である．VMM は，これらのような影響や衝突を回避しながらも，各ゲスト OS が動作可能となるように種々の調整をしなければならない．

8.2 特権命令

オペレーティングシステムは自身がシステム全体を専有していることを仮定し，それを正しく制御することを目的としている．これを実現するために，図8.2(a) に示すように，オペレーティングシステムが特権モード，プロセスが非特権モードで動作している．システムを唯一のオペレーティングシステムが制御している場合は問題ないが，仮想化環境では複数のゲスト OS が動作するため，各ゲスト OS がどのような特権命令を実行しようとしているのか，そのすべてについて VMM が検査しなければならない．また，必要であれば調整をしなければならない．これを実現させるためには，ゲスト OS が特権命令を直接実行できないようにする仕組みが必要である．具体的には，ゲスト OS を非特権モードで走行させることでそれを実現できる．

Type I VMM のようなネイティブ VMM システムでは，図 8.2(b) に示すように，VMM が特権モードで動作し，ゲスト OS 以上は非特権モードで動作する．Type II VMM のようなユーザモード VMM では，図 8.2(c) に示すように，ホスト OS が特権モードで動作し，VMM 以上が非特権モードで動作する．その上で，ゲスト OS が実行しようとする特権命令を VMM が代わりに実行またはエミュレーションすればよい．ユーザモード VMM では，必要であれば，ホスト OS に実行させればよい．このときの特権命令の扱い方によって，主と

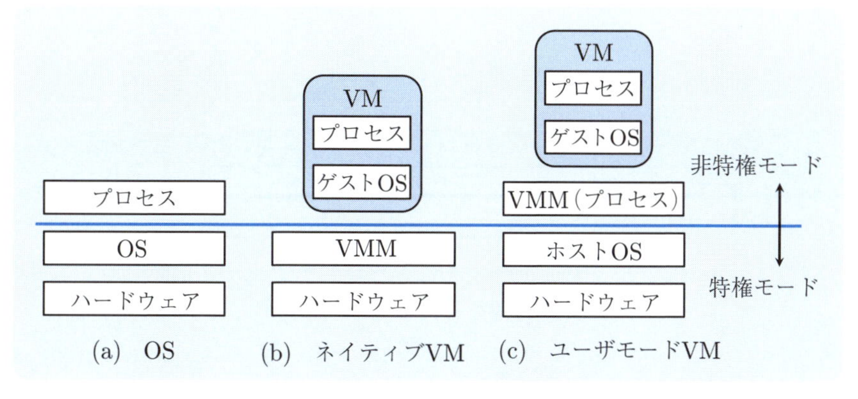

図 8.2　特権モードと仮想化

して次の2つの実現方式がある．

完全仮想化 (full virtualization)　ハードウェアを完全にエミュレートしてVMを実現する方式．

準仮想化 (paravirtualization)　ハードウェアの多くをエミュレートするものの，一部はVMMで抽象化を行った上でVMを実現する方式．

8.2.1　完全仮想化

完全仮想化は，ゲストOSが特権命令を実行するとハードウェアが**例外**(プログラム割込みの一種) を起こすようにし，その例外をVMMがハンドルして検査・エミュレートする方式である．ゲストOSを改変する必要がないため，市販のオペレーティングシステムなどソースコードが入手できない場合でも動作させることができる．システム構成としては，図8.2(b) と (c) に示したネイティブVMM，ユーザモードVMMのいずれの方式でも実現でき，仮想化支援機能を有しない従来のCPUでは，両方式とも例外を用いた仕組みとなる．ただし，すべての特権命令を，それが実行される度にソフトウェアでエミュレートするため，オーバヘッドが大きくなり，後述の準仮想化よりも遅い．

一方で，仮想化支援機能を有するCPUも存在する．このようなCPUでは，完全仮想化をネイティブVMMで実現する方式を支援する．このときのモードは図8.3のようになる．ゲストOSが特権命令を実行すると，VMMへ遷移してエミュレートされる点は同様である．ただし，VMMへ遷移する条件をVMM

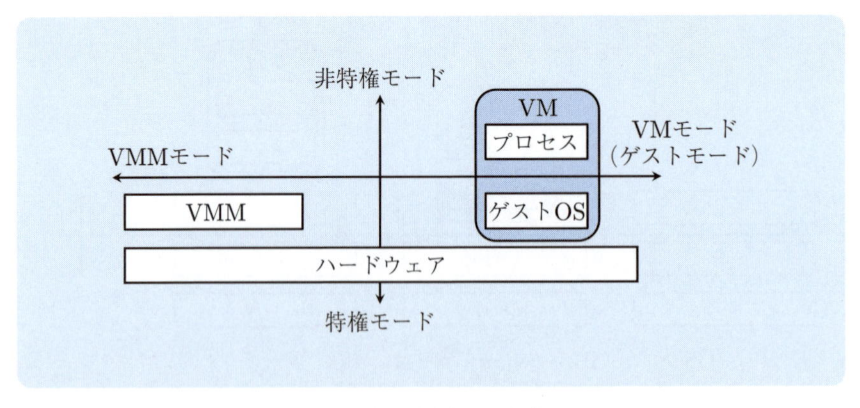

図8.3　仮想化支援機能の特権モード

が事前に設定できる．すなわち，VMM が許可する一部の特権命令をゲスト OS が直接実行できる．また，VMM へ遷移したとき，その遷移の理由を容易に判別するための情報が提供されるなどの特長を有する．

完全仮想化における速度低下の問題を解決する方法には，**動的命令書き換え (dynamic binary translation)** がある．上述のように特権命令が出現する度に例外を発生させるとオーバヘッドが大きいため，特権命令を例外が発生しないような (エミュレートするような) 命令群に置き換えてオーバヘッドを軽減する．

また，完全仮想化を実現する際の大きな問題点は，アーキテクチャによっては，非常に重要な処理が特権命令ではない場合があることである．この場合，例外を使ってそれをハンドルすることができない．たとえば，仮想アドレス空間を切り替える命令は特権命令であっても，ページテーブルの変更は非特権命令のストア命令で実現されている CPU もある．このような場合，それに対処する別の方法を用意しなければならない．詳細は次節のメモリ管理にて述べる．

8.2.2　準仮想化

準仮想化では，ゲスト OS の処理のうち特権命令が必要となる処理に関しては当該箇所のソースコードを書き換え，ハイパーバイザコール (OS のシステムコールに類似) を通じて VMM を呼び出し，VMM に特権命令を検査・エミュレートさせる方式である．ソースコードの書き換えの単位は機械語の特権命令単位ではなく，割り込みハンドラの登録やページテーブルの更新といった処理の粒度を単位としている．そのため，完全仮想化と比較すると，ゲスト OS と VMM 間の遷移回数が少なくなるため高速である．

8.3 メモリ管理

一般的なオペレーティングシステムは，図 8.4(a) に示すように，実記憶の専有を前提としており，オペレーティングシステムによって抽象化と複製がなされた仮想記憶がプロセスへ提供される．しかし，主記憶はシステムに唯一であるため，特に完全仮想化では，主記憶の専有を前提とするオペレーティングシステムを複数存在させるための工夫が必要となる．図 8.4(b) は，ネイティブ VMM で完全仮想化を実現する場合のメモリビューを示している．VMM は，ページテーブルを用いて，ゲスト OS が主記憶として用いるアドレス空間 (ここでは**ゲスト主記憶**と呼ぶ) を生成する．これは，技術的には仮想記憶とまったく同じである．ゲスト OS は，VMM が生成したゲスト主記憶を，ページテーブルを用いて複製しプロセスへアドレス空間 (ここでは**ゲスト仮想記憶**と呼ぶ) を提供する．これも，技術的には仮想記憶と同じである．これをページマッピングの例で示すと図 8.5 のようになる．未割り当ての部分は，コピーオンライトのようにアクセスを検出後割り当てられるような場合や，二次記憶にページアウトされているような場合を示している．

ただし，一般的な CPU では図 8.4(a) のように 1 階層分のページテーブルし

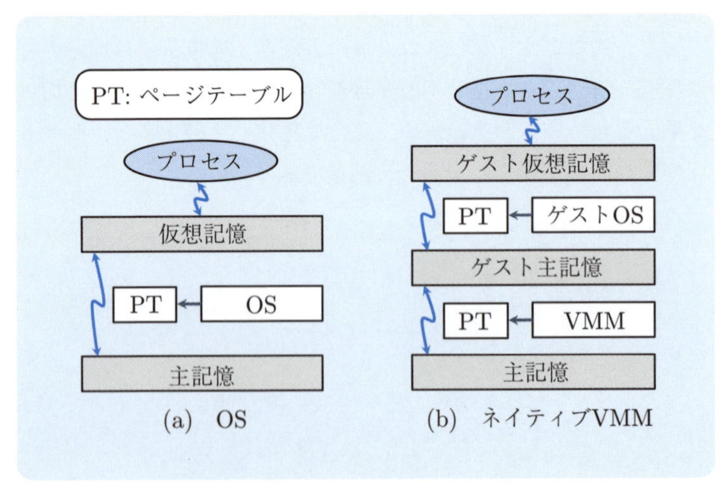

図 8.4　仮想化におけるメモリビュー

か持たないため，ゲスト OS と VMM の 2 階層で個別にページテーブルを設定することはできない．このようなアーキテクチャではシャドウページテーブルを使って実現する．図 8.6 に示すように，ゲスト OS1 は自身の上で動作するプロセス 1 とプロセス 2 のページテーブルを設定する．ゲスト OS2 も同様にプロセス 3 のページテーブルを設定する．ゲスト OS は，ページテーブルを有効にするとき，ページテーブルのアドレスをプロセッサの特定レジスタ (ここでは，**ページテーブルアドレスレジスタ: PTAR** と呼ぶ) へセットする．PTAR を操作する命令は特権命令であるため，VMM はこれをトラップすることができる．VMM は，ページテーブルの内容をもとに，シャドウページテーブルを生成し，PTPR へシャドウページテーブルへのポインタをセットする．

一方，ユーザモード VMM のメモリビューは，図 8.7 に示すように，ホスト OS が提供する仮想アドレス空間 (ここでは**ホスト仮想記憶**と呼ぶ) の一部を，ユーザモード VMM がゲスト主記憶としてゲスト OS へ提供する．ゲスト OS は，ゲスト主記憶を仮想記憶と同様な手法で複製して，プロセスへゲスト仮想記憶を提供する．図 8.7 のうち，ホスト OS がページテーブルを用いているが，これはプロセッサが持つ仮想記憶機能で実現される．一方でゲスト OS もページテーブルを用いるが，実際には VMM がソフトウェアでエミュレートするだけであり，プロセッサの仮想記憶機能が使われるわけではない．

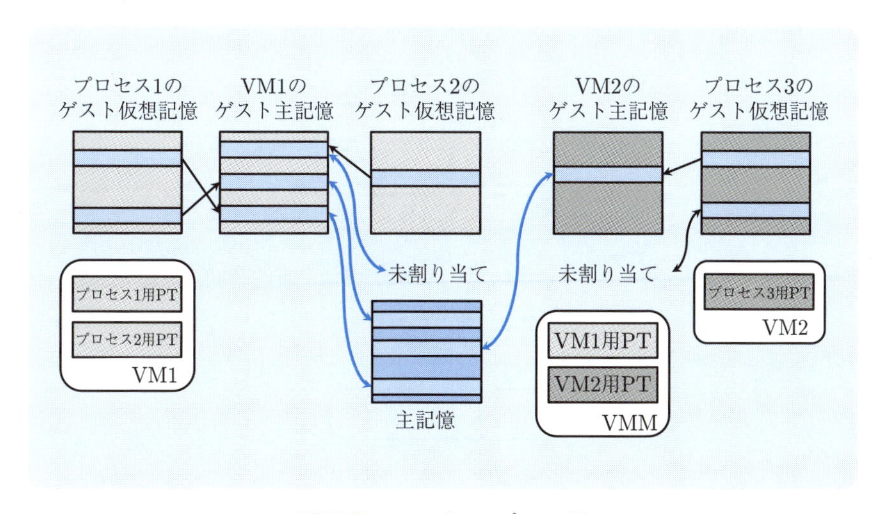

図 8.5　ページマッピング例

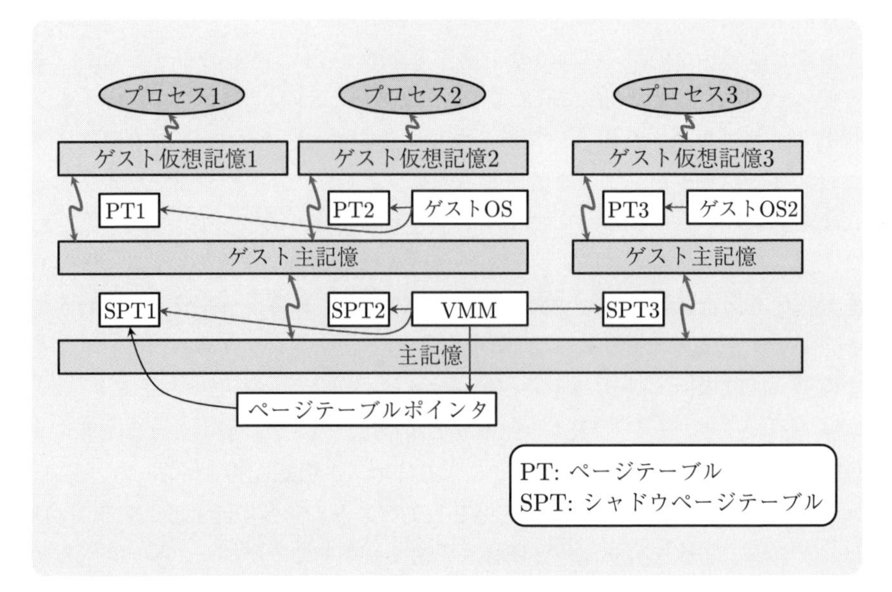

図 8.6 シャドウページテーブル

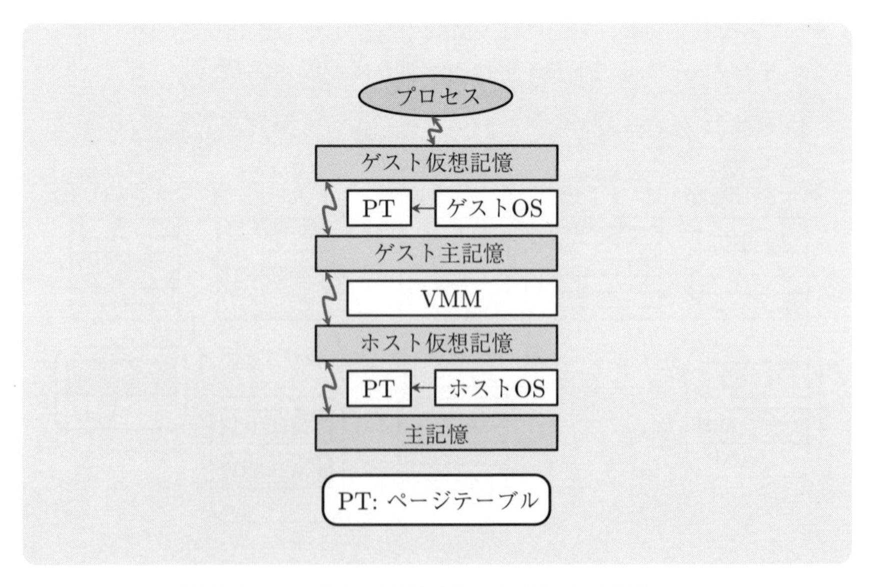

図 8.7 ユーザモード VMM におけるメモリビュー

8.4 デバイス

8.4.1　デバイスの割り当てとデバイスドライバ

デバイスのインタフェースを VMM で複製して VM へ提供することは容易ではないが，次のような手法で VM へのデバイス提供が実現されている．

デバイス単位での割り当て　最も単純な方法としては，デバイスを共有せず，特定のゲスト OS へ専有させる方法がある (図 8.8(a))．
デバイスエミュレーション　特定の型式のデバイスをソフトウェアでエミュレーションし，そのインタフェースをゲスト OS へ提供する方法 (図 8.8(b-1), (b-2))．
仮想デバイスドライバ　ゲスト OS で使用するデバイスドライバを，仮想化環境専用のものにする方法 (図 8.8(c-1), (c-2))．

デバイス単位での割り当ては，VMM がゲスト OS とデバイス間のやりとりに関与しないことから**パススルー型**とも呼ばれ，現実的な解の一つである (図 8.8(a))．ハードウェアと VM の対応付けは，ユーザの設定に従って VMM が行う．ゲスト OS は起動時に接続されたデバイスを検索し認識するが，このとき VMM は設定で許可されたデバイスのみ OS から検出可能とし，それ以外を隠蔽する．また，許可されていないデバイスへのアクセスがあった場合は，VMM で検出し拒否する．この割り当て方式では，アクセス競合が起こらないため，比較的容易に実現できるとともに，性能が下がらないという特徴を有する．特に性能が求められるような場合にはこのような方式が採られることが多い．

デバイスエミュレーションでは，エミュレートが容易で，かつゲスト OS の多くがデバイスドライバを有しているであろう，旧式で広く使われた型式が選択されることが多い．ゲスト OS は，当該型式用のデバイスドライバを改変することなく利用できる．この方式は Type II VMM で使われることが多く，図 8.8(b-1) に示すようにエミュレーションを VMM 内で行う場合と，図 8.8(b-2) のように別プロセスで行う場合がある．いずれも，入出力命令や割り込みなどハードウェアの挙動をソフトウェアですべてエミュレートする必要があるためオーバヘッドが大きい．ただし，デバイスエミュレータは VM 向けのハードウェアインタフェースさえ提供すればよく，実際の入出力はホスト OS のシステムコールを用いて実装すればよい．たとえば，ハードディスクをエミュレー

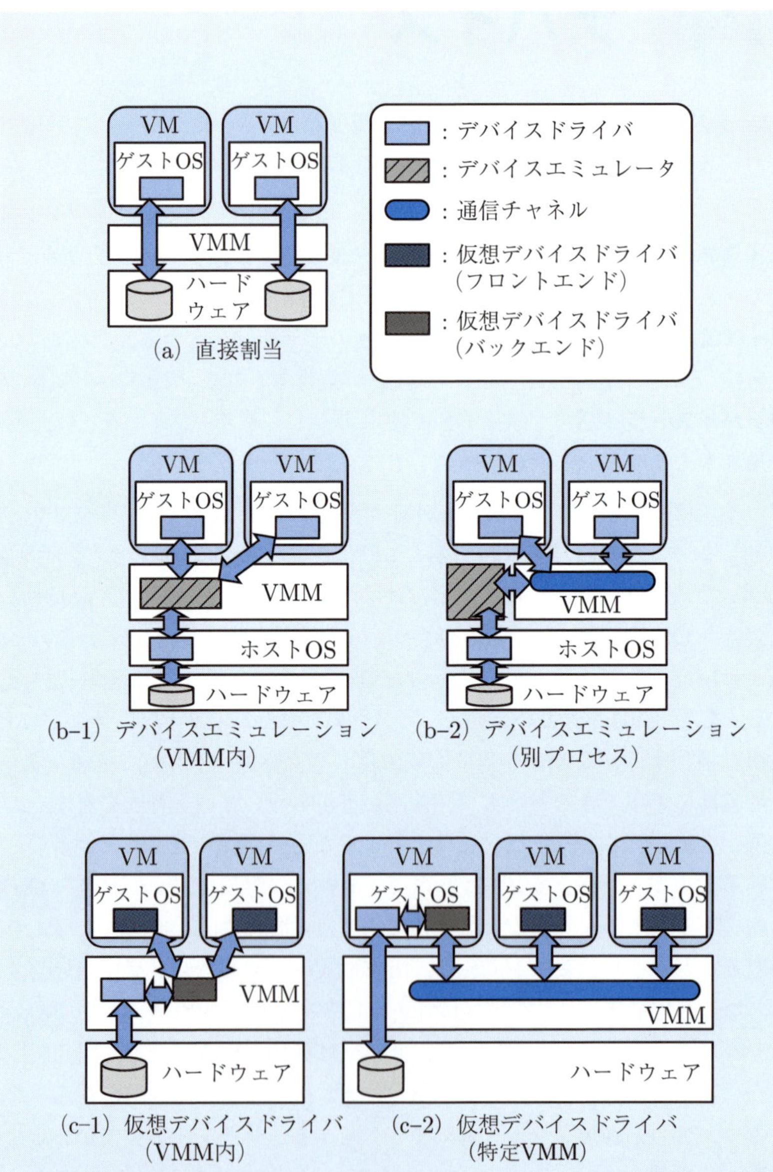

図 8.8　デバイスの割り当て

トする場合は，VMへはハードディスクコントローラのインタフェースを提供し，入出力はホストOS上のファイルを仮想ディスクに見立て，ホストOSへのopen, read, write, lseekなどのファイル操作で実現することができる．

仮想デバイスドライバは，デバイスエミュレーションの欠点であるオーバヘッドの大きさを解決するための手法で，デバイスにおける準仮想化とも言える手法である．仮想デバイスドライバは，フロントエンドとバックエンドのペアで構成される．図8.8(c-1)は，ゲストOS内にフロントエンドが，VMM内にバックエンドと実際のデバイスドライバが存在する例である．フロントエンドとバックエンド間は，デバイスの入出力命令単位ではなく，readやwriteといった抽象度の高い専用のプロトコルでやりとりされる．よって，入出力命令や割り込みといった細かな単位で両者を遷移する必要がなく，オーバヘッド軽減を実現できる．図8.8(c-2)は，直接割り当てと仮想デバイスドライバを併せ持った例である．左端のVMを特別なVMとして位置付けてハードウェアを直接割り当て，そこへデバイスドライバやバックエンドを配置する．その他のVMはフロントエンドを通じてデバイスを使用する．

8.4.2 デバイスとアドレス空間

一般にデバイスとデータを授受する方法には，**PIO**(**Programmable I/O**)や**DMA**(**Direct Memory Access**)がある．PIOはCPUがデバイスコントローラを操作しながらデータを受け取るため，どのようなタイプのデバイス割り当て手法においてもアドレス空間に関する問題は発生しない．また，図8.8(b-1)〜(c-2)のように，特定のVMMやVMにデバイスドライバを持たせているような場合については，そのVMMやVMを信用するとすれば，データの授受の方法にかかわらず問題は発生しない．しかし，図8.8(a)のような直接割り当てで，かつDMAを用いるような場合については，デバイスが**MMU**[*3](**Memory Management Unit**)を経由することなく直接主記憶にデータを配置してしまう．すなわち，ゲストOSのデバイスドライバがゲスト主記憶のアドレス(主記憶のアドレスとは異なる)をDMAに転送アドレスとして指定しまうため，問題を引き起こすことがある．具体的には下記のような

[*3] CPUによるメモリアクセスの管理，監視を行うハードウェア．仮想記憶機能(仮想アドレスと実アドレスの変換)やメモリ保護機能を提供する．

問題がある.

- ゲスト主記憶とホスト主記憶のアドレスが一致するとは限らない.
- DMA で転送するアドレスが VM へ割り当てられているとは限らない.
- DMA で転送する先のアクセス権限が参照されない.

この問題はソフトウェアだけでは解決できない.たとえば,**Intel VT-d** と呼ばれるハードウェアによる仮想化支援のための規格では,**DMA リマッピング**と呼ばれる次に示す機能を提供している.これによって,デバイスによる DMA アクセスを制御・監視する.

- DMA アクセスのゲスト主記憶アドレスから主記憶アドレスに変換する
- 変換後のアドレスのアクセス権をチェックする

これによって,VM 間の独立性をよりいっそう高めることができ,セキュリティ,可用性,信頼性を向上させることができる.

演習問題

□ 8.1 **（ISA の複製）** VMM の実現方式として Type I や Type II がある．おのおのの方式について説明し，また両者の違いについて述べよ．

□ 8.2 **（特権命令）** 仮想化を実現するにはオペレーティングシステムが使う特権命令をどう扱うかが 1 つの大きな問題である．なぜ問題となるのか，説明せよ．

□ 8.3 **（準仮想化）** 準仮想化のためのインタフェース (ハイパーバイザコール) にはどのようなものがあるか調べて例示し，特権命令との関係について説明せよ．

□ 8.4 **（記憶の仮想化）** 図 8.5 について，使用中の記憶領域 (網かけ部分) にアドレスを適宜割り当て，それに基づいてページテーブルを完成させよ．

□ 8.5 **（デバイスの仮想化）** 図 8.8 において，(a) のように直接ゲスト OS がデバイスをアクセスする場合と，(b-1) のようにホスト OS を介してアクセスする場合とにおける得失について述べよ．

演習問題略解

●第 1 章

1.1 資源管理者と制御プログラムを挙げ，1.1 節の内容に基づいて説明すること．

1.2 (1) バッチ処理は複数のジョブをまとめて連続して処理する方式である．

(2) マルチプログラミングでは，1 台の CPU が複数のプログラムの間で切り替えられて使用される．この処理形態は並行処理とも呼ばれる．

(3) マルチプロセッシングでは，複数台の CPU が使用され，それらの CPU 上で 1 つ以上のプログラムが実行される．特に，おのおののプログラムが複数の同時実行可能な部分に分割され，それらの部分ごとに 1 台の CPU が割り付けられて処理される形態の処理は並列処理と呼ばれる．

(4) タイムシェアリングシステムは，マルチプログラミングの拡張であり，タイムスライスをユーザに順に割り当てる時分割処理の形態を採っている．ユーザと計算機システムとの会話型処理を実現する．

1.3 Atlas では仮想記憶，CTSS および MULTICS ではタイムシェアリングが実現された．System/360 は汎用システムを指向しており，複数の処理形態をサポートするシステムであった．

1.4 図 1.1 と 1.3 節前半における階層化に関する記述に基づいて説明すること．

1.5 図 1.1 と 1.3 節後半の割込み制御から始まる各構成要素の内容に基づいてまとめること．

1.6 オペレーティングシステムで実現される機能のうち，プロセスに対して提供されている機能を呼び出すのがシステムコールである．メモリ，プロセス，ファイルの操作などの機能がある．処理方式は 1.4.2 項，1.4.3 項を参照．

●第 2 章

2.1 2.2 節参照．図 2.1 を示しつつ説明できることが望ましい．

2.2 生成，消滅，中断，再開を挙げ，それぞれについて 2.4 節の内容に基づいて説明すること．

2.3 2.5.1 項のとおりプロセスとスレッドが持つ構成要素を説明し，2.5.2 項で述べたようにスレッドの切替えが軽量であることを説明すること．応用については 2.5.3 項で例示されている

2.4 2.8 節冒頭の 5 つの基準を挙げた上でそれぞれの説明をすること．

2.5 処理時間の長いプロセスが先に到着すると平均ターンアラウンド時間が長くなるなど．2.9.1 項後半参照．

2.6 処理時間が短いプロセスを長いプロセスの前に移動することで，長いプロセスの待ち時間の増加量よりも，短いプロセスの待ち時間の減少量の方を大きくできるため．2.9.2 項後半参照．

2.7 横取りのないアルゴリズムでは，プロセスが一度実行状態になると状態が変化するまで走行できる．横取りのあるアルゴリズムでは，実行可能キュー内のプロセスの状態が変化する度に実行状態となるプロセスが選択される．前者は実装が容易でオーバヘッドが少ないが，プロセスの状態の変化に機敏に適応することができない．後者はその逆となる．

2.8 多重レベルスケジューリングでは，プロセスがキュー間で移動しないため，プロセスの特性に応じて CPU の割当てを動的に変更することができない．多重レベルフィードバックスケジューリングでは，キュー間の移動を許し，2.9.5 項で述べるように柔軟なスケジューリングを実現している．

2.9 ターンアラウンド時間は，プロセスがシステムに到着してから立ち去る，すなわち終了するまでの時間である．したがって，この問題の場合は，おのおののプロセスの終了時刻から到着時刻を引いた値がターンアラウンド時間となる．

- 横取りのある SJF スケジューリング

処理系列: 0～2: A　2～6: B　6～9: C　9～14: A　14～20: D

$$\text{平均ターンアラウンド時間} = \frac{(14-0)+(6-2)+(9-5)+(20-8)}{4} = 8.5$$

- 横取りのない SJF スケジューリング

処理系列: 0～7: A　7～10: C　10～14: B　14～20: D

$$\text{平均ターンアラウンド時間} = \frac{(7-0)+(14-2)+(10-5)+(20-8)}{4} = 9$$

2.10

アルゴリズム	平均ターンアラウンド時間	平均待ち時間
FCFS	13	10
SJF	7	3
ラウンドロビン	10	6
優先度	9	5

●第3章

3.1 3.1 節冒頭参照．

3.2 3.2 節参照．コルーチン，fork と join，並行文，多重スレッドについて説明すればよい．

3.3 3.3 節冒頭を参照．さらに，(1) については Dekker のアルゴリズム，TS 命令，セマフォについても触れるのがよい．

3.4 3.3.3 項と 3.3.4 項参照．

3.5 直接指名方式，パイプ，メールボックス，ソケットについてそれぞれ説明すること．

3.6 3.4.3 項参照．

3.7 3.4.5 項参照．

3.8 3.4.9 項参照．サーバスタブやクライアントスタブの役割についても触れること．

3.9 必要条件は 3.5.2 項参照．防止，回避，検出は 3.5.3〜3.5.5 項参照．

3.10 銀行家のアルゴリズムにおいては，調べるプロセスの順序 (すなわち，i の設定の仕方) によって答は異なってくる．この問題の場合，i を常に 1 に設定してから調べたときは，答えは { P2, P4, P1, P3, P5 } となる．一方，i の増加する順序で調べたときは，答は { P2, P4, P5, P1, P3 } となる．

●第4章

4.1 4.2 節冒頭の各技法の説明参照．

4.2 4.2 節後半および図 4.2 参照．

4.3 4.3.1 項参照．静的再配置はソフトウェアで実現できるため多くの環境に適用可能である．ただし，ロード時の一度のみ可能である．一方で動的再配置はハードウェアの支援および適切な設定が必要である．スワップインの時の再配置が可能になること，コンパクションが可能になることなどについても言及されているとよい．

4.4 4.3.2 項，4.3.3 項参照．

4.5 4.5 節，4.6 節参照．固定・可変によるジョブスケジューリング法の違いについて説明するとよい．

4.6 それぞれの語句の説明に加え，固定・可変のそれぞれにおける断片化の発生状況について説明するとよい．4.4.2 項，4.5.1 項参照．

4.7 4.5.2 項参照．

4.8 下図の通り．外部断片化は (b)(c)(d) などの時点で起こっている．

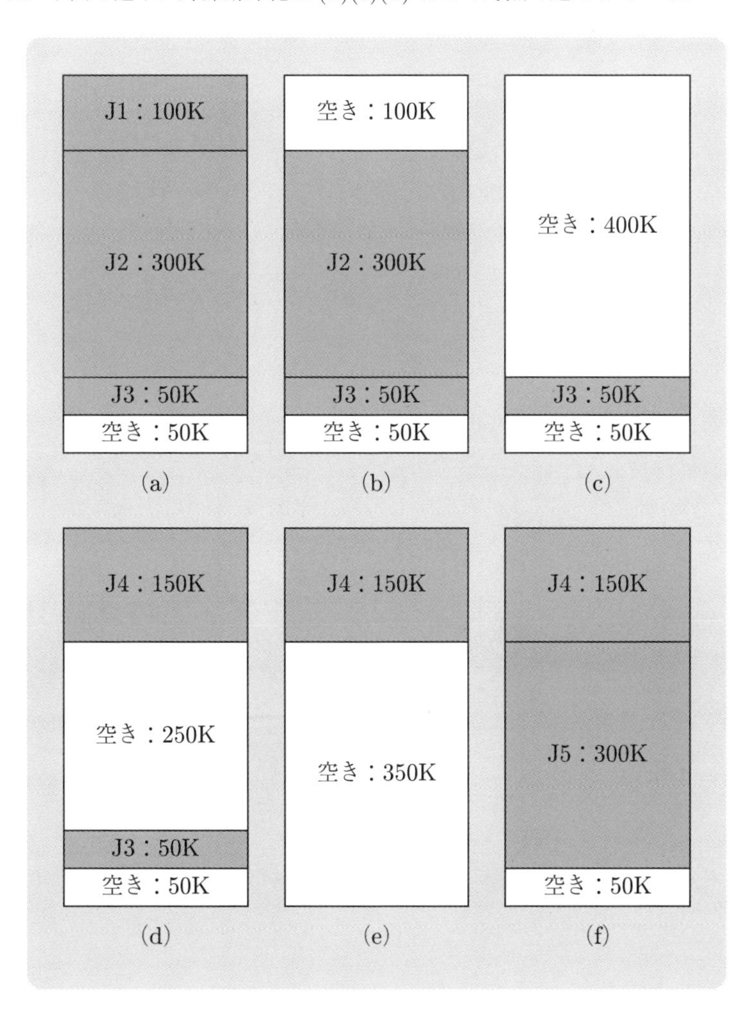

上図 (b) の段階でコンパクションを行うと 150K の空き領域ができ (h) のように配置できる．その後 J2 が終了すると (h) のように即座に J5 が配置できる．

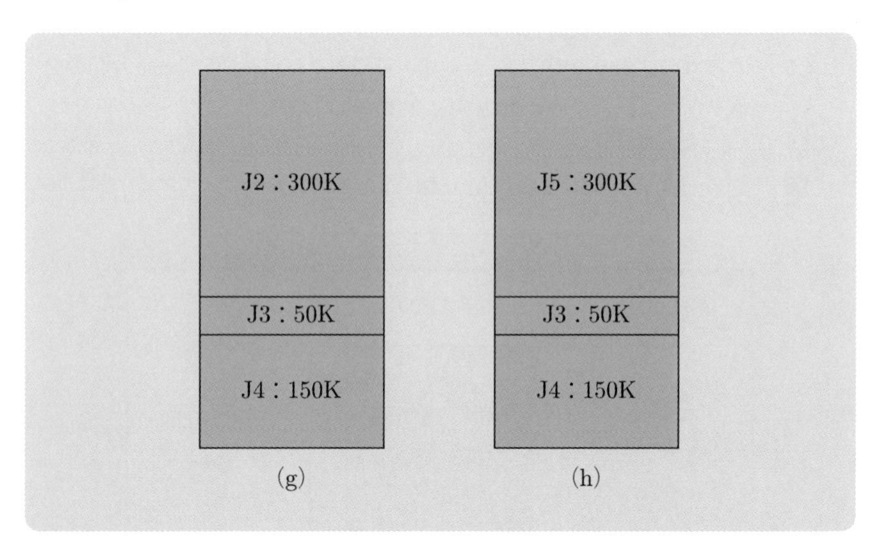

4.9 下図の通り．

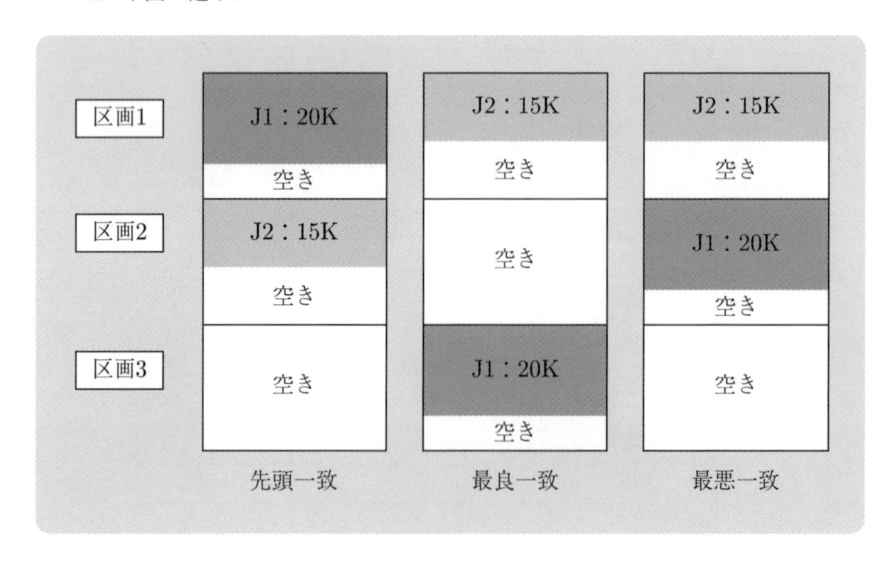

4.10 4.6.1 項，4.6.2 項参照．

●第 5 章

5.1 5.1.2 項参照．

5.2 5.2 節，5.3 節参照．単純な大きさの違いだけでなく，管理の容易さ，アクセス制御の容易さなどについても説明すると良い．

5.3 5.5 節参照．

5.4 FIFO: 14 回，OPT: 10 回，LRU: 13 回，ワーキングセット: 15 回．

5.5 ページ枠の数が 1 のときは，3 つのアルゴリズムともすべてのページ参照でページフォルトが発生する．また，ページ枠の数が 7 のときは，おのおののページが最初に参照されたときにのみページフォルトが発生し，3 つのアルゴリズムともその回数は 7 となる．

5.6 5.8 節参照．

5.7 5.9 節参照．

5.8 5.10 節参照．

5.9 要求時ページングは，一定の参照パターンに基づいている場合であっても，局所性が低いアルゴリズムには適していない．一方で，一定の参照パターンに基づかない場合でも局所性が高い場合は適している．これらについて，各アルゴリズムのメモリアクセスの特性を説明した上で，それがどちらに属するかについて検討すればよい．

5.10 ページサイズを大きくするとページフォルト数は少なくなるが，ページ転送の時間が増加する．また，参照されない余分な部分まで主記憶に置くことになる．一方，ページサイズを小さくすると，ページフォルト数が増加する．さらに，ページテーブルのサイズが大きくなり，ページテーブル自体が主記憶に入り切らなくなることもある．しかし，ページ転送の時間は短くなり，参照されない余分な部分も少なくなる．

●第 6 章

6.1 6.2 節参照．

6.2 6.3.2 項参照．

6.3 6.3.3 項参照．

6.4 6.4 節参照．逐次ファイル，直接アクセスファイル，索引付きファイルについて説明すること．

6.5 6.3.1 項参照．ディレクトリには，そのディレクトリに属するファイルの各種情報が格納されている．これを基に FCB が構築される．

6.6 ディレクトリの操作は 6.5.2 項参照．ディレクトリの構造ごとの得失は 6.5.3 項参照．

6.7 6.6.3 項参照．

6.8 6.7.1 項参照．

6.9 6.7.2 項参照．

6.10 それぞれの得失については 6.8.1 項と 6.8.2 項を参照して比較すること．また，いずれも実記憶における割付け技法と基本的に大差はない．発生する課題についても同様である．

●第 7 章

7.1 7.1.1 項参照．実世界の例では，玄関に設置されたチャイムが挙げられる．それまで食事を作っていても，チャイムが鳴るとそれに割り込んで来訪者の応対をしなければならない．来訪者応対中，電子レンジの完了アラームが鳴っても無視をして差し支えないが，ガスコンロがつけっぱなしであることのアラームが鳴るとその優先度は高く，ガスを止めに行かねばならない．

7.2 7.1.2 項参照．

7.3 7.1.3 項参照．

7.4 7.1.4 項参照．

7.5 7.2.2 項参照．

7.6 7.2.3 項参照．

7.7 7.2.4 項参照．

7.8 7.2.5 項参照．

7.9 7.2.5 項後半参照．

7.10 7.2.6 項参照．

●第 8 章

8.1 8.1 節参照．

8.2 8.2 節冒頭参照．

8.3 既存のハイパーバイザについて調査すればよい．従来の特権命令を置き換えるための機能を提供することを主たる目的としているため，それに相当する機能が提供されている．例えば，割込みベクタテーブルや割込み許可テーブルの設定，仮想記憶のページテーブルの更新をハイパーバイザに伝える機能などがある．

8.4 下図の通り．ただし，各アドレス空間内に斜体で記された数値はアドレスを意味することに注意．

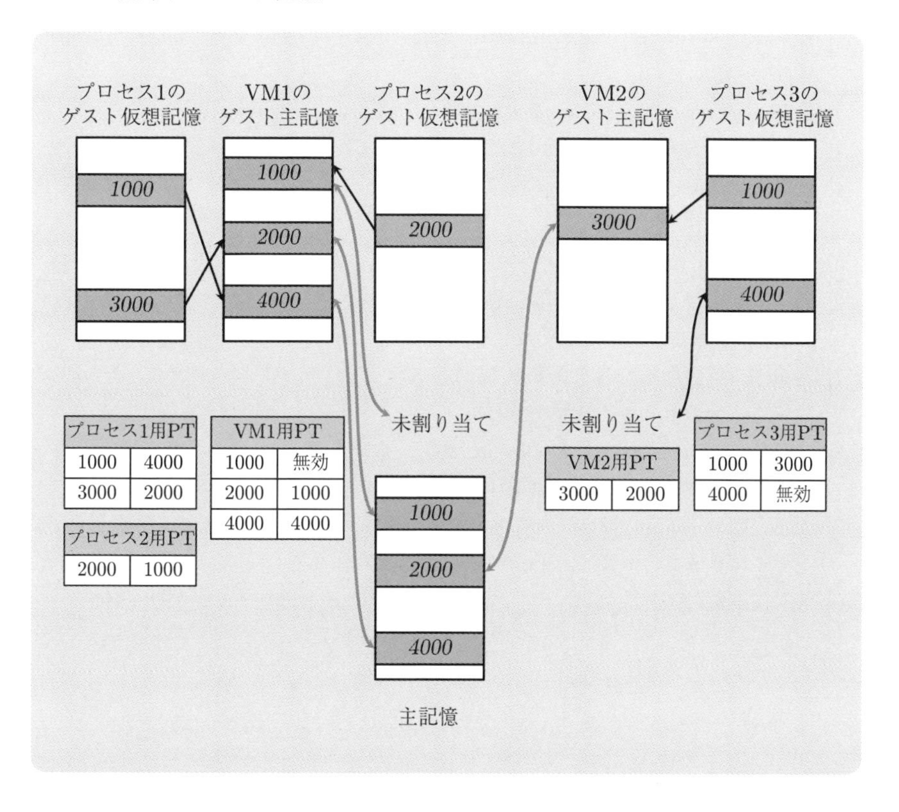

8.5 8.4.1 参照．

参考文献

[1] 高橋延匡，土井範久，益田隆司 共著,『オペレーティングシステムの機能と構成』，岩波書店（1983）．

[2] H. M. Deitel 著，“An Introduction to Operating Systems”, Addison-Wesley(1984).

[3] J. Peterson and A. Silberschatz 共著，宇都宮孝一，福田晃 共訳,『オペレーティングシステムの概念』，培風館（1987）．

[4] 萩原宏，津田孝夫，大久保英嗣 共著,『現代オペレーティングシステムの基礎』，オーム社（1988）．

[5] 前川守 著,『オペレーティングシステム』，岩波書店（1988）．

[6] L. Bic and A. C. Shaw 共著，西川博昭 訳,『オペレーティングシステムの論理設計』，日経 BP 社（1989）．

[7] 前川守，所真理雄，清水謙多郎 編,『分散オペレーティングシステム - UNIX の次にくるもの』，共立出版（1991）．

[8] G. F. Coulouris and J. Dollimore 共著，水野忠則 監訳,『分散システム - コンセプトとデザイン』，電気書院（1991）．

[9] A. S. Tanenbaum 著，引地信之，引地美恵子 共訳,『OS の基礎と応用』，プレンティスホール/トッパン（1995）．

[10] 大久保英嗣 著,『オペレーティングシステムの基礎』，サイエンス社（1997）．

索　引

● さ行 ●

● た行 ●

● な行 ●

● は行 ●

● B ●

● C ●

● O ●

● P ●

● R ●

● S ●

● T ●

著者略歴

毛利（もうり）　公一（こういち）

1999 年　立命館大学大学院理工学研究科博士課程後期課程総合理工学専攻修了
東京農工大学工学部情報コミュニケーション工学科助手，立命館大学理工学部情報学科専任講師，同大学情報理工学部情報システム学科専任講師，同准教授を経て

2014 年　立命館大学情報理工学部教授，現在に至る．
博士（工学）
オペレーティングシステム，仮想化技術，コンピュータセキュリティ，コンピュータネットワーク等の研究に従事．

グラフィック情報工学ライブラリ＝GIE-7
基礎オペレーティングシステム
―その概念と仕組み―

2016 年 8 月10日© 初　版　発　行
2023 年 9 月25日 初版第 6 刷発行

著　者　毛利　公一　　発行者　矢 沢 和 俊
印刷者　篠倉奈緒美
製本者　小 西 恵 介

【発行】　株式会社　数理工学社
〒151–0051　東京都渋谷区千駄ヶ谷 1 丁目 3 番25号
編集☎（03）5474–8661（代）　サイエンスビル

【発売】　株式会社　サイエンス社
〒151–0051　東京都渋谷区千駄ヶ谷 1 丁目 3 番25号
営業☎（03）5474–8500（代）　振替 00170–7–2387
FAX☎（03）5474–8900

印刷　ディグ　　製本　ブックアート

《検印省略》

ISBN978-4-86481-039-5

PRINTED IN JAPAN

サイエンス社・数理工学社のホームページのご案内
http://www.saiensu.co.jp
ご意見・ご要望は
suuri@saiensu.co.jp　まで．